Wem
gehört
das
Sofa?

NICOLE RÖDER

Wem gehört das Sofa?

Über die allzu
menschlichen Tücken in
der Hundeerziehung

Copyright © 2008 by Cadmos Verlag GmbH, Brunsbek
Gestaltung und Satz: Ravenstein + Partner, Verden
Titelfoto: Anneke Krems
Klappenfotos: Bergob, Weires
Fotos: animals-digital.de (falls nicht anders angegeben)
Lektorat: Dorothee Dahl
Druck: Westermann Druck GmbH, Zwickau

Printed in Germany

ISBN 978-3-86127-761-3

Inhalt

Vorwort

So verziehe ich meinen Hund

Wir Hundehalter verwenden tagtäglich eine Menge Energie darauf, unseren Hund zu verziehen. Nach bestem Wissen und Gewissen scheinen wir alles daranzusetzen, aus ihm einen alltagsuntauglichen Begleiter zu machen, der durch viele kleine, unscheinbare und ständig auftauchende Umgangs- und Kommunikationsschwierigkeiten zu einem Hund wird, wie wir ihn nie haben wollten. Bei allen anderen scheint es zu klappen, nur bei uns nicht. Dabei könnte doch alles so einfach sein.

Auch in Zeiten, in denen man sich in manchen Teilen Deutschlands nur noch bei Nacht und Nebel mit seinem vierbeinigen Begleiter vor die Tür trauen kann (immerhin beherbergt man ja eine gefährliche Bestie und führt diese auch noch in die Öffentlichkeit), darf man nicht alles nur von der bitterernsten Seite sehen. Das Zusammenleben mit Hunden ist (meistens) eine wunderbare Erfahrung, die viel Spaß macht und bei der es unglaublich viel zu lachen gibt – auch wenn wir manchmal vor Scham im Erdboden versinken möchten, wenn unser wohlerzogener Vierbeiner im Restaurant mal wieder nicht an sich halten kann und einen eindringenden Artgenossen mit trommelfellerschütternden Kläfforgien des Platzes verweisen will. Woher soll er auch wissen, dass die anderen Restaurantbesucher sich nicht am Eindringen des Fremdlings stören und sein geliebter Mensch ihm keinerlei Unterstützung geben will, sondern eher auf der Suche nach der Stummtaste ist?

Ich mag sie nicht wirklich, diese Momente, in denen sich die Köpfe fremder Menschen nach mir und meinen vermeintlichen Kötern umdrehen und das Getuschel beginnt, weil wieder mal so gar nichts von der ganzen Erziehung, die ich seit Jahren investiere, fruchten will. Und doch liebe ich es, einige Tage später diese lustigen, weil peinlichen Geschichten im Kreis meiner Freunde zum Besten zu geben, meinen Hunden dabei über den Kopf zu streichen und ihnen zu sagen: Ihr seid doch größten Schätze, die man sich nur wünschen kann. Keine Medaille ohne Kehrseite, kein Zusammenleben ohne Schmerz und keine Hundehaltung ohne Weinen und Lachen.

Ich möchte in diesem Buch auf typische Erziehungsfehler eingehen und sie aus der Sicht unserer Hunde erläutern. Das alles nicht zu ernst und mit einem stets zugedrückten Auge – getreu dem Motto: Alles wird gut (irgendwann)!

Haben Sie Spaß mit diesem Buch und noch mehr Spaß mit Ihrem Vierbeiner!

Mit gut erzogenen Hunden unterwegs zu sein macht glücklich.

Oh diese Zweibeiner

Mit liebevollem Blick schauen wir auf den kleinen Welpen, der sanft schlummernd in seinem Körbchen liegt und außer Fressen und Spielen noch nicht viele Interessen hat. Ein harmloses Hundekind, dem die Welt zu Füßen liegt und das in seiner Unschuld kaum zu übertreffen ist. Ein niedlicher kleiner Engel, den wir uns da ins Haus geholt haben und der nur darauf wartet, der perfekte Begleiter in unserem Alltag zu werden.

Doch keine sechs Monate später kann aus diesem Engel schon ein kleiner Teufel herangewachsen sein, von dessen Unschuld nichts mehr übrig zu sein scheint, wenn er seine spitzen Zähne in unsere Hosenbeine versenkt, wenn er einen Schwarm Vögel quer über eine Wiese scheucht und unsere wutentbrannten Rufe einfach ignoriert. Wenn er plötzlich anfängt alles und jeden zu verbellen, was ihm als Rivale erscheint, und wir nur hilflos danebenstehen. In solchen Fällen sind wir mal wieder auf der Suche nach dem nie erscheinenden, aber heiß ersehnten Loch, in dem wir uns verkriechen können.

Wie konnte es nur so weit kommen? Wie konnte aus einem kleinen knuffigen Unschuldslamm ein situationsabhängiger Berserker werden? Das muss doch in den Genen liegen! Oder etwa nicht? Hängt es nicht vielleicht doch ein klein wenig mit unseren Erziehungsmethoden und mit der Kommunikation zwischen Mensch und Hund zusammen? Verhalten wir Menschen uns in Sachen Erziehung nicht manchmal ein bisschen idiotisch? In diesem Kapitel sollen einige typische Missverständnisse in der Hundeerziehung einmal näher betrachtet werden – und zwar unter anderem aus dem Blickwinkel unserer geliebten Vierbeiner. Vielleicht wird uns dann einiges etwas klarer.

Gleich zu Beginn möchte ich ein klassisches Beispiel anbringen, in dem das aus Hundesicht manchmal unverständliche Verhalten von erziehenden Zweibeinern näher erläutert wird:

Geduldsproben

In sämtlichen Junghundgruppen, die ich bisher geleitet habe, hatten beinahe alle Teilnehmer das Problem, dass ihr Hund beim Spaziergang nicht kommen wollte, wenn sie ihn gerufen haben. Ein junger Hund entdeckt die Welt und testet noch aus, wie weit die Geduld und vor allem die Konsequenz seines Zweibeiners reichen. Hundebesitzer neigen häufig dazu, ihre Kommandos salvenartig in Ladungen von drei bis fünf Mal unmittelbar hintereinander abzufeuern.

Was lernt der Hund?

Gehorchen direkt nach dem ersten Befehl ist völlig unnötig, da erfahrungsgemäß noch mindestens zweimal darum gebeten wird, Folge zu leisten.

Oh diese Zweibeiner

Dadurch, dass viele Menschen dazu neigen, ihre Kommandos mehrfach hintereinander und fast ohne Pause in die Welt hinaus zu rufen, lernt der Vierbeiner sehr schnell, dass keine Eile geboten ist. Ein „Komm jetzt, Hasso! Hier! Komm! Komm hierher, aber sofort!" im Wald zu hören ist für ihn schon fast zum Standard geworden. Man trifft aber erstaunlicherweise sehr selten Hunde, die schon beim ersten „Komm" den Weg zum Besitzer antreten. Ob es nun um Sitz, Platz oder das Herankommen geht – jeder Befehl darf nur einmal gegeben werden. So helfen wir unserem Vierbeiner, das Kommando auch wirklich zu befolgen.

Das Herankommen zu trainieren ist eine der wichtigsten Übungen im Hundeleben und sollte entsprechend häufig geübt werden. Kommt der Vierbeiner nicht beim ersten Rufen, gehen wir ihn entweder abholen (auch wenn er gerade mit seinem Kumpel tobt und so gar keine Lust hat, sich um uns zu kümmern), oder wir laufen laut

„Schon wieder an die Leine? Eigentlich schade, ich verschaffe mir hier gerade einen wunderbaren Überblick."

13

trampelnd vor ihm weg, wenn er gerade etwas Interessantes beschnüffelt und sich deshalb alle Zeit nimmt, bevor er zu uns kommen will.

Sobald er bei uns ist beziehungsweise schon dann, wenn er uns hinterherläuft, bekommt er die überschwängliche Belohnung schlechthin (solange er noch nicht bei uns, ist in Form einer schönen verbalen Lobeshymne) – es soll in jeder Situation Spaß machen, zu seinem Menschen zu laufen, weil dessen Nähe ein Garant für Action und tolle Überraschungen ist. Aus der Sicht des jungen Vierbeiners ist es in der Regel ziemlich blöde, wenn er gerufen wird. Menschen scheinen nämlich immer dann zu wollen, dass man als junger Hund kommt, wenn man gerade etwas ganz besonders Schönes entdeckt und den größten Spaß hat. Bei manchen Leuten wird der Tonfall, je häufiger sie rufen, immer aggressiver, sodass ein schlauer Hund lieber nicht so schnell zu ihnen läuft: Wenn die schon so böse rufen, dann ist es sicherlich unklug, direkt zum Menschen zu laufen, denn etwas Gutes kann nicht folgen, wenn der Tonfall so komisch ist. Aber das Allerallerschlimmste ist, wenn man dann bei seinen Leuten ist und die einen anleinen. Der ganze Spaß ist vorbei und man muss wieder anständig neben denen laufen.

Schlussfolgerung des Hundes:

Wenn man die Rufe des Herrchens oder Frauchens lange genug ignoriert, dauert der Spaziergang länger.

In der Tat ist es häufig zu beobachten, dass Menschen ihren Hund während eines Spaziergangs ausschließlich dann rufen, wenn sie ihn an die Leine nehmen möchten. Warum nicht zwischendurch den Vierbeiner zu sich zitieren, nur um ihn kurz zu belohnen, ihm ein Spielzeug zu werfen oder Ähnliches und ihn dann wieder seiner Wege ziehen zu lassen? Mit solchen Maßnahmen lernt unser Hund, dass es absolut lohnenswert ist, auf das erste Rufen zu kommen, denn immerhin könnte es ja sein, dass irgendwas Tolles bei uns passiert, das er auf keinen Fall verpassen will.

Hunde, die stromern und sich bei der erstbesten Gelegenheit außer Sichtweite ihres Zweibeiners begeben, tun dies in der Regel nicht, weil sie etwas Interessantes gesehen haben. Sie suchen nach der Aufregung, weil sie ihnen von ihren Menschen nicht geboten wird. Gerade junge Hunde wollen

„Bestimmt ruft Frauchen noch ein paarmal, Zeit genug also ..."

Erlebnisse, wollen eine Stimulation ihres Verstandes und nicht nur irgendwie des Weges dahertrotten. Langeweile, auch während eines Spaziergangs, ist Gift für die Beziehung zwischen Mensch und Hund. Das soll keineswegs bedeuten, dass wir Zweibeiner uns 24 Stunden täglich als Hundeanimator betätigen müssen – aber immer interessanter als die Umgebung zu sein hilft, den Hund nicht in die Langeweile zu treiben oder ihn seinen Entdeckerfantasien zu überlassen, die nicht selten vor dem Bug eines fahrenden Autos enden, weil auf der anderen Straßenseite ein Blatt so interessant hin und her geweht wurde.

Dies ist nur ein Beispiel von vielen, das zeigt, wie man als Hundehalter unbewusst dafür sorgt, dass sich Probleme entwickeln können.. „Mein Hund kommt nicht, wenn ich ihn rufe", wird täglich tausendfach als Problem an Hundetrainer herangetragen und in den meisten Fällen haben die Menschen es den Hunden beigebracht.

„Prima, ich jaul' hier jetzt mal ein bisschen herum. Dann geht's gleich weiter und wenn ich Glück habe, bekomme ich sogar noch ein Leckerchen."

So geht's

Machen Sie sich interessant für Ihren Hund. Überlegen Sie sich außerdem genau, was Sie von Ihrem Hund wollen. Üben Sie Kommandos konsequent und betrachten Sie Situationen auch aus der Sicht des Hundes.

Begegnungen

Nun ein anderes gängiges Missverständnis zwischen Vier- und Zweibeiner, erläutert aus der Sicht des Hundes:

Schon wieder bleibt der Langgestreckte stehen.
Wir sind doch eben erst losgezogen, und nur noch ein paar Meter, dann darf ich endlich ohne das blöde und bremsende Ding um meinen Hals ein wenig Freiheit genießen. Aber nein: Er tauscht komische Laute mit dem anderen Zweibeiner aus, und die müssen das jetzt ausgerechnet hier und im Stehen machen. Können die nicht kommunizieren, während sie sich bewegen? Ich will weg – los, weiter! Ich sag dem das jetzt mal, vielleicht versteht er ja, dass es mich langweilt. Ich belle. Ah gut, er hat mich noch mal wahrgenommen und mich angesprochen. Ein kleiner Fortschritt, und er ist nicht mehr so ruhig, sondern etwas erregter als noch vor meinem Bellen. Das heißt, wir können bestimmt gleich weiterziehen.
Er macht aber immer noch keine Anstalten sich fortzubewegen. Da muss ich ihn wohl besser antreiben und es ihm noch mal sagen, und wenn ich schon dabei bin, werd' ich

etwas lauter und rufe länger, dann wird er mich schon erhören – es ist doch so langweilig.
Den ganzen Tag allein, und jetzt kommen wir nicht weiter, obwohl hier nichts ist, gar nichts gibt es hier zu tun. Nichts zu schnuppern, nichts zu lernen – es ist öde, und er bleibt stehen. Nein, ich muss einschreiten.

Ich kläffe und kläffe und kläffe und höre auf … Hmm, lecker. Er gibt mir was? Weil ich so toll gebellt habe? Er hat zwar mit der bösen Stimme gesprochen, aber er hat mir auch was zugesteckt, und das macht er sonst meistens, wenn ich was gut gemacht hab. Hm, die böse Stimme hatte wohl mal wieder nichts zu bedeuten – er sagt ja oft Dinge, die nicht mit seiner Körpersprache übereinstimmen, ist hier sicher wieder der Fall.

Aber ich probier das besser noch mal. Belle. Tatsächlich. Es gibt was zu futtern, wenn ich belle. Toll. Wir stehen, es ist langweilig, ich belle … und bekomme was zu futtern. Wahnsinn. Langweilig ist's zwar immer noch, aber immerhin schmeckt es und ich hab was zu tun. Hm, ob ich ihn wohl immer dazu bewegen kann, mir was zuzustecken, wenn ich ihn anbelle? Ich werd' das in Zukunft auch weiterhin so machen.

Die beschriebene Situation kennen viele Hundehalter. Wenn nicht von sich selbst und ihrem eigenen Hund (weil wir selbst doch alle immer richtig handeln und unserem Hund stets klare Zeichen setzen), dann sicherlich von anderen. Wir treffen, während wir auf dem Weg zu unserem Auto sind, den Nachbarn, der eben mit seinem Hund zum Spaziergang aufgebrochen ist. Da der Krankenwagen den ganzen Vormittag bei Schneiders vor der Tür stand, muss er uns von dem Geschehen lang und breit in Kenntnis setzen – inklusive all der Fakten, die er sich aus dem intensiven Training mit diversen Krankenhaus-Fernsehserien zusammengereimt hat, versteht sich. Während wir und der Nachbar uns nun mehr oder minder kompetent mit Frau Schneiders Krankengeschichte auseinandersetzen, wird der Hund des Nachbarn immer unruhiger. Plötzlich bellt er, wedelt und bellt, während er sein Herrchen geradewegs anschaut. Der Nachbar wird kurz laut, gibt dem Vierbeiner vielleicht auch einen Klaps auf die Nase und spricht weiter zu uns, während der Hund kurz still wird.

Doch die Ruhe währt nicht lange, denn schon nach ein paar Sekunden wird unser Gespräch wieder abrupt von dem trommelfellerschütternden Klang der Hundestimme unterbrochen –

das Gebell will nur diesmal gar nicht enden. Unser Nachbar versucht es erst mit Schimpfen und dem gängigen „Aus", das zwar jeder Hundehalter immer und immer wieder benutzt, aber kein Hund wirklich im Zusammenhang mit Stillsein zu kennen scheint. Weiter geht es dann mit dem Vollstopfen und damit kurzzeitigem Ruhiggstellen des Hundes mit Leckerchen, weil das Zetern mit dem Hund nichts bringt und es dem Zweibeiner sehr peinlich ist, dass sein Hund die Unterhaltung so rüde unterbricht und offensichtlich nicht gehorchen will. Dies funktioniert auch so lange, bis der Hund die Häppchen gefressen hat – anschließend erklingt ein Probekläffen, und schon wandert die Hand des Besitzers wieder in die Tasche, bevor es wieder zu einem Dauerkläffen werden kann.

So schnell hat man seinem Hund einen neuen Trick beigebracht: Belle, wenn du was Gutes zu futtern haben möchtest. Nicht nur, dass das Verhalten, das wir unserem Vierbeiner hiermit schmackhaft gemacht haben, extrem nervig sein kann. Es prägt sich vor allen Dingen unheimlich schnell ein, weil nämlich genau dieses Ankläffen, um Leckerchen zu bekommen, so gut belohnt wird, wie man es sich von erwünschten Verhaltensweisen erwartet – sporadisch. Der Hund hat am Beispiel

Hunde haben es manchmal schwer: Zweibeiner zu erziehen ist eine richtige Lebensaufgabe ... (Foto: Bergob)

während des Gesprächs gelernt, dass er Leckerchen bekommt, wenn er seinen Zweibeiner anbellt. Was ihm hier gelungen ist, weil sein Herrchen ihn ruhigstellen wollte. Beim nächsten Mal, wenn er mit seinem Zweibeiner an der Ampel steht und ihn ankläfft, dann sind sie vielleicht allein, dem Menschen ist es nicht so unangenehm, und der Vierbeiner bekommt Schelte, doch endlich die Klappe zu halten. Kurze Zeit später erhält der Hund aber wieder ein

Leckerchen, weil sein Mensch ihn, aus welchem Grund auch immer, so schnell wie möglich ruhig bekommen möchte. So bekommt der Vierbeiner sporadisch eine Bestätigung, die ihn immer dazu animiert, das Verhalten einzusetzen, um auszuprobieren, ob nicht heute einer der Tage ist, an denen es den großen Jackpot zu gewinnen gibt.

Einen Hund zu haben, der an der Leine zieht ist nicht nur anstrengend, sondern erschwert auch Begegnungen mit anderen Hundebesitzern und ihren Vierbeinern.

So geht's

Niemals versuchen, das ungewollte Bellen des Hundes mit Leckerchen abzustellen, da man sonst nur das Gegenteil erreicht. Besser ist, die Bellerei beim ersten Mal zu ignorieren (ich weiß – das ist schwierig bis unmöglich) oder gezielt an einem Abstellkommando zu arbeiten.

Man ist ja schließlich auch nur ein Mensch und wir alle machen Fehler. Schwamm drüber, Unterhaltungen mit anderen Menschen, während Hunde dabei ist, sind sowieso überflüssig – und um einem eventuellen Ruf als Sonderling noch gerechter zu werden, ist das „Sich-selbst-von-anderen-Zweibeinern-Abgrenzen" gerade recht. Zudem gilt der Gassigang ohnehin voll und ganz unserem Vierbeiner und sollte entsprechend gewürdigt werden – er tut es ja immerhin auch. Konzentriert sich beim Spaziergang voll auf uns. Dreht sich regelmäßig im Abstand weniger Meter nach uns um. Reagiert auf jedes geflüsterte Kommando und läuft erst dann in die Freiheit, wenn wir es ihm erlauben. An dieser Stelle möchte ich die Tagträume vieler Hundehalter kurz einwerfen, die solchen Bildern nachhängen, während ihr Vierbeiner wieder einmal Krähen quer über einen frisch eingesäten Acker scheucht und auch bei Rufen und Pfeifen von orkanischen Ausmaßen die Ohren auf Durchzug stellt. Nun, wenigstens läuft er nie ohne Aufforderung los. Oder doch? Fragen Sie sich das einmal ganz ehrlich, und ich bin sicher, dass das Gros der Hundehalter sich doch eingestehen muss, dass ihr Vierbeiner losläuft, sobald der erlösende „Klick" des Karabiners vom Ende des Angeleint-Seins zeugt. Er startet vielleicht nicht durch, als sei ihm der Teufel in Katzengestalt persönlich auf den Fersen, aber er trabt in der Regel los, ohne darauf zu achten, ob er soll oder nicht. Und auch das wurde ihm insofern anerzogen, als dass kaum jemand darauf achtet, dass der Vierbeiner sich erst nach Erlaubnis vom (oder auf den) Acker macht. Kaum jemand lässt seinen Hund erst einmal sitzen oder stehen, löst den Karabiner, wartet einen Moment und erlaubt seinem Hund dann, sich die Gegend anzuschauen. Man kann ein gewisses Maß an Gelassenheit anerziehen, und dies wäre die Gelegenheit dazu. Wenn der Hund an der Leine zieht, wünscht man sich bisweilen mehr als alles andere, das Zugtier endlich abzuleinen. Trotzdem sollte der Hund lernen, dass das Öffnen des Karabiners nicht gleichbedeutend mit dem Loslaufen ist. Denn vor allem Hunde, die ziehen, werden sich wenige Meter vor dem Ziel noch mehr ins Zeug legen, um schneller an der Stelle zu, an der man sie von den Fesseln befreit, die ihre Bewegung einschränken.

Der Mensch ist ein Gewohnheitstier und leint seinen Hund in der Regel an fast ein und derselben Stelle ab, auf derselben Wiese, die er jeden Tag als Hunderennbahn benutzt. Unsere Vierbeiner haben innerhalb kürzester Zeit gemerkt, wohin man des Weges ist und was das bedeutet: Freiheit. Und da sie den Weg meist besser kennen als wir Menschen, wissen sie auch ganz genau, ab wann es sich richtig lohnt, noch mal alle Zugkräfte zu mobilisieren. Die Vorfreude, dass gleich die Leine gelöst wird, baut sich zu einer Spannung im Hund auf, die körperlich spürbar ist. Die Aufregung beschleunigt den Herzschlag, die Muskeln und alle Sinne werden auf das bevorstehende Ereignis, die Freiheit wenigstens eine begrenzte Zeit lang genießen zu dürfen, eingestellt, der Karabiner löst sich und ... los geht es! Doch was, wenn der Karabiner gerade gelöst ist und ein Jogger

auftaucht? Der Mensch hangelt nach dem Hund, um ihn schnell wieder anzuleinen, und die erhöhte Energie im Hund staut sich. Wenn sich der Jogger am Horizont dann als Schulklasse am Wandertag herausstellt und der Vierbeiner heute deshalb nicht abgeleint werden kann, dann bleibt die überschwängliche Energie des Hundes bestehen. Hinzu kommt dann noch eine gute Portion Frustration. Von ihrer Natur her sehr ruhige Hunde stecken das irgendwie weg, andere Vierbeiner müssen die angestaute Energie ablassen – egal wie, was wiederum zu vermehrtem Gezerre an der Leine führen kann oder im Extremfall zum wilden Ankeifen von passierenden Menschen, Hunden oder anderem Getier.

Spaß macht das weder Hund noch Mensch.

Es gibt viele weitere Gründe, die das Anleinen des Vierbeiners erfordern, obwohl man nur einige Sekunden zuvor den Karabiner gelöst hat. In diesen Momenten ist es besonders gut, den Hund noch in der Nähe zu wissen. Wenn er allerdings innerhalb weniger Sekunden so beschleunigt, dass er schon mitten auf einer Wiese, den Kopf in einem Mauseloch versenkt, und außer Rufweite ist, wird es schwieriger. Man sollte also darauf achten, dass der Hund nach Lösen des Karabiners sitzen oder stehen bleibt, bis er das Kommando „Lauf" (oder was auch immer man benutzen will) erhält. Und damit sich eben nicht zu viel Spannung in ihm aufladen kann, übt man sporadisch auf verschiedenen Spaziergängen, den Hund abzuleinen und wieder anzuleinen, ohne dass er loslaufen durfte – so wird das Klicken des abgelösten Karabiners kein automatisches und eigenständiges Kommando für „Lauf los, du bist nämlich nicht mehr unter meiner Kontrolle".

Eine einfache Übung mit hoffentlich großer Wirkung.

Warum Tyrannei Spaß macht

Hunde, die ihre Umgebung und ihre Familie terrorisieren und sich in manchen Situationen wie der geborene Tyrann aufführen, die gibt es zuhauf. Die wenigsten Vierbeiner werden allerdings mit dem „Tyrannen-Gen" geboren, sondern eher in diese Rolle hineingedrängt. Typische Probleme, von denen jeder Hundehalter zumindest schon mal gehört hat, weil sie bei Bekannten (selbstverständlich nie bei einem selbst) aufgetreten sind, sind beispielsweise die folgenden:

Problem Nummer 1:
Der Hund besetzt das Sofa.

Problem Nummer 2:
Der Hund springt fremde Menschen an.

Problem Nummer 3:
Der Hund zieht permanent an der Leine.

Problem Nummer 4:
Der Hund kann nicht allein bleiben.

Auf Augenhöhe. Wenn große Hunde Menschen anspringen, kann das ganz schön Eindruck machen!

23

Wem gehört das Sofa? Wenn kein Platz für Herrchen oder Frauchen mehr bleibt, wird's besonders interessant.

Problem Nummer 1:
Sofabesetzung

Mit dem wohlerzogenen Vierbeiner immer und überall ein gern gesehener Gast sein. Seinen Hund egal wohin mitnehmen können, ob in die Innenstadt zum Einkaufen, ob ins Restaurant oder Hotel, wo er sich ruhig unter den Tisch legt und die bewundernden Blicke der anderen Gäste ob seiner Gelassenheit auf sich zieht oder ob es sich um Besuche bei Freunden oder Verwandten handelt: Unser Hund ist überall dabei, und mit stolz geschwellter Brust nehmen wir gerne die anerkennenden Kommentare der restlichen Menschheit entgegen – der Wunschtraum vieler Hundehalter. Die Realität sieht nur leider oft anders aus: Hasso hat sich möglicherweise bei Freunden und Verwandten unbeliebt gemacht, weil er es sich, egal ob sauber oder nicht, nach einem kurzen Erkundungsgang durch die fremde Wohnung erst einmal auf dem Sofa gemütlich macht. Ob es sich dabei um ein robustes, weil abwaschbares Ledersofa oder eine weiße italienische Designercouch handelt, ist ihm völlig egal. Allerdings verfügen die meisten Hunde über einen exquisiten Geschmack und entscheiden sich eher für das Edelmobiliar, wenn sie die

Wahl zwischen Designersofa und abwaschbarem Bezug haben.

Es lebe die Hundehalter-Haftpflichtversicherung, ohne die viele Hundebesitzer schon am Rande des Ruins stünden und mit jedem Besuch bei Freunden und Verwandten einen Schritt näher an den tiefen Abgrund träten.

Ehe man sich's versieht, wird man plötzlich gar nicht mehr oder nur noch mit der ausdrücklichen Bitte, ohne Hund zu erscheinen, zu den ohnehin immer weniger werdenden hundelosen Menschen im persönlichen Umfeld eingeladen. An dieser Stelle möchte ich erwähnen, dass es im Leben eines Hundebesitzers einen möglicherweise schleichenden Austausch des Freundeskreises geben kann. Hundelose Bekannte weichen Freundschaften mit Hundebesitzern, bei denen das Hereintragen von Unmengen von Hundehaaren und Schmutz kein Problem ist, weil der eigene Hund bereits gute Vorarbeit geleistet hat. Umso peinlicher fällt dann in Gegenwart von Nichthundemenschen auf, wenn der geliebte Vierbeiner plötzlich jeden Anstand vergessen zu haben scheint und selbst nach mehrmaliger Aufforderung das hundehaarfreie, hellbeige Ecksofa nicht verlassen will. Der gute Hundehalter greift auch hier wieder zu einer

List und behauptet steif und fest, er wisse gar nicht, was in seinen Hund gefahren sei, denn sonst mache er das nie. Der angesäuerte Blick von Schwiegermutter, erst auf unseren Vierbeiner, der unglücklicherweise den Kuchen entdeckt hat und nun das Mobiliar auch noch vollsabbert, und gleich danach auf unsere zwar gassifreundlichen, aber eher unkleidsamen Trekkingschuhe, zeigen deutlich, dass alle Ausreden nichts nützen und wir mitsamt Hund unseren Aufenthalt nicht zu lange ausweiten sollten. Noch auf dem Heimweg fragen wir uns, aus welchem Grund es nicht geklappt hat,

dem Vierbeiner mit einem Wort klarzumachen, dass er auf dem Boden, aber nicht auf dem (den Menschen vorbehaltenen) Sofa zu sitzen hat.

Unserem Hund ist das alles ganz egal. Er hat alles so gemacht, wie er es gelernt hat, und kann gar nicht verstehen, warum der Aufenthalt in dem wunderschön sauberen Haus so stressig war, warum so viel Unmut in der Luft lag. Zu Hause darf er schließlich auch immer auf der Couch liegen und keiner meckert – warum soll das woanders nicht erwünscht sein? Wenn in seinem Zuhause erlaubt ist, dass er Sofa, Sessel und Bett nach Belieben besetzen

Regeln, die wir zuhause aufstellen, gelten für den Hund überall. Also: Einmal schlafen im Bett, immer schlafen im Bett, egal wo.

darf, um darauf zu schlafen oder beku-
schelt zu werden, dann ist das doch
wohl immer gültig. Wie soll er denn
auch unterscheiden, dass es in den eigenen vier Wänden erlaubt ist, aber in
fremden Wohnungen oder Hotelzim-
mern eine kleine Welt zusammenbricht,
setzt er nur einen Fuß aufs Mobiliar?

Hier müssen wir uns wieder an die
eigene Nase packen und uns merken:
Regeln, die wir zu Hause aufstellen,
gelten überall. Dies gilt auch für die
Erlaubnis, dass unser Vierbeiner sich
immer und überall drauflegen darf. Erlaubt man seinem Hund nirgendwo und
niemals, sich auf den Möbeln breitzu-
machen, wird er das immer und überall
beherzigen. Aber die meisten Hundemenschen finden es völlig in Ordnung,
wenn ihr Hund sich neben ihnen auf
dem Sofa hinfläzt – immerhin kann
man so viel besser miteinander ku-
scheln und das Sozial- und Vertrauens-
spiel „Fellpflege" betreiben.
Grundsätzlich ist dagegen ja auch
nichts einzuwenden, da es entgegen alt-
hergebrachter Meinungen nicht so ist,
dass wir unseren Hund zur Dominanz
erziehen, wenn er hochgestellte Posten
besetzen darf. Eins muss nur immer
klar sein: Wenn wir ihn auffordern, für
uns Platz zu machen, dann gibt es
keine Diskussionen: Er trollt sich und
wir lassen uns nieder.

So geht's

Um es unserem Hund nun
einfacher zu machen, sich in
fremden Umgebungen für
den richtigen Platz zu entscheiden, können wir zum
Beispiel mit dem Tag seines
Einzugs festlegen, dass er
nur dort auf dem Sofa oder
Bett liegen darf, wo eine
(bald schon seine) bestimmte
Decke liegt. Jedes Mal, wenn
er nicht auf seiner Decke
liegt, schicken wir ihn auf
diese, sodass schnell die Verknüpfung beim Vierbeiner
entsteht: Nur da, wo dieses
weiche Ding sich befindet,
darf ich mich hinlegen, und
ich habe meine Ruhe.

Der Besuch bei Schwiegermutter ist
also nun insofern gerettet, als dass wir
die Hundedecke in eine Zimmerecke
legen und unser Vierbeiner sich gemütlich dort ausstrecken kann, ohne sämtliche Haare auf dem wohlduftenden,
weil tierhaarunbelasteten, Diwan zu
hinterlassen.

27

Problem Nummer 2:
Das Anspringen

Dieses Problem kennen viele Menschen. Entweder weil sie selbst einen Hund haben, der sich so außerordentlich über andere Zweibeiner freut, dass er sie am liebsten über den Haufen rennen möchte. Oder aber weil sie zu den Menschen gehören, die bei bestimmten Hunden aus dem Bekanntenkreis jedes Mal innerlich einen Tobsuchtsanfall bekommen, weil sie die Sonntagskleidung nun schon wieder in die Reinigung bringen müssen, nachdem sie dort zu Besuch waren.

Die Problematik des Anspringens beginnt, wie fast alle späteren Probleme, in der Welpenzeit. Ein kleines Fellknäuel ist außerordentlich niedlich, und kaum jemand kann einem tapsigen kleinen Hundebaby böse sein, wenn es versucht, jedem menschlichen Wesen an den Hosenbeinen hinaufzuklettern, um bis ins Gesicht zu gelangen. Welpen möchten die riesigen Zweibeiner sofort bei jeder Begegnung beschwichtigen, sie „knutschen" und ihnen beweisen, wie unschuldig und nett kleine Hunde sind. Sie wollen zudem erreichen, dass man ihnen auf keinen Fall etwas tut. Die meisten Zweibeiner, die zu den Welpen gehören, achten penibel darauf, dass sie sich zu dem Kleinen hinunterbücken, um ihn zu begrüßen, ohne dass er hochspringen muss. Das ist sehr löblich und theoretisch auch eine Erfolg versprechende Methode – gäbe es da nicht die ganzen anderen Menschen, denen man mit einem Hund tagtäglich begegnet.

Das Gros der Menschheit ist nämlich ganz versessen auf putzige kleine Welpen und kann einfach nicht widerstehen, in Babysprache auf die hübschen Fellknäuel einzureden und sie zu herzen, während die Hundekinder freudig erregt an den netten Zweibeinern hochspringen, um noch näher an sie ranzukommen. Ist es Sommer und die kleinen Fellbündel sind trocken und sauber, sind auch Fremde gern bereit, beide Augen zuzudrücken, weil der Kleine ja „so niedlich" ist.

Was setzt sich also im Hundekind fest: Meine Zweibeiner brauche ich nicht anzuspringen, weil wir es auch anders hinbekommen, uns zu begrüßen – aber alle anderen Menschen finden es total prima, wenn ich sie so richtig herzlich begrüße (die wenigen Ausnahmen, bei denen ich nicht hochspringen durfte, sind ganz gewiss nicht die Regel, und man muss es einfach bei allen Zweibeinern mal ausprobieren).

Das Ende vom Lied ist: Aus dem kleinen drolligen Vierbeiner, dem jeder

Gut, wenn ein Hund gelernt hat, Menschen nicht anzuspringen.
Dieser Vierbeiner könnte jedenfalls für ernstzunehmende Reinigungsrechnungen sorgen.

alles nachsieht, wird ein stattlicher Hund, der – egal ob Regen und Matschpfoten oder frisch gebadet und sauber – jeden, der ihn auch nur freundlich anschaut, herzlichst mit Anspringen begrüßen will.

Wenn es sich bei dem ehemals kleinen Welpen dann irgendwann um einen ausgewachsenen Doggenrüden handelt, können wir uns die Begeisterung anderer Menschen vorstellen. Mit etwas Glück vergraulen wir nur die Schwiegermutter, aber wahrscheinlicher ist es, dass den Zweibeinern des notorischen Anspringers jede Menge Ärger ins Haus steht.

So geht's
Was also tun? Durchgreifen! Und zwar bei all den Menschen, die unseren Hund unbedingt anfassen, herzen und begrüßen möchten, weil er gar zu niedlich ist.

Wir als verantwortliche Hundehalter, die später für alles zur Rechenschaft gezogen werden, was unser Hund anstellt, die wir die Reinigungskosten für durch Matschpfoten ruinierte Chanel-Kostüme zu tragen haben, wir müssen von Anfang an dafür sorgen, dass unsere Umgebung nach unseren Regeln spielt. Dazu gehört auch, dass diejenigen, die unseren Hund herzen wollen, sich zu ihm hinunterbeugen und ihn erst dann begrüßen, wenn er sich hinsetzt. So lernt der Vierbeiner ganz schnell, dass es lohnenswert ist, sich sofort vor neue Menschen hinzuhocken, und dass es nichts bringt, wenn man hochspringt.

Problem Nummer 3:
An der Leine ziehen

Wäre der an der Leine ziehende Hund das höchste Ziel der Hundeerziehung, so würden um die 80 Prozent aller Hundehalter eine Auszeichnung verdienen.

Vom Chihuahua bis zur Dogge sieht und hört man sie: Die röchelnden Hunde, die sich mit voller Kraft in die Leine hängen, um immer weiter nach vorn zu kommen und einem unsichtbaren, aber offenbar äußerst wichtigen Ziel näher und näher zu kommen und vor allem als Erster dort zu sein. Am anderen Ende der Leine hängt ein meist verzweifelter Zweibeiner, der entweder schon resigniert hat und die absonderlichsten Körperhaltungen einnimmt, um langfristige Wirbelsäulenschäden zu vermeiden (oder zumindest zu dämpfen), oder aber ein Mensch, der noch nicht aufgegeben hat und seinem

„Geschafft! Endlich bin ich das lästige andere Ende der Leine los."

31

Vierbeiner im Abstand weniger Sekunden zuschreit, dass er doch nicht so ziehen soll. Der Aufforderung wird allerdings nie Folge geleistet, denn ziehende Hunde scheinen auf diese Bitte mit notorischer Taubheit zu reagieren.

Daneben gibt es noch diejenigen Hundehalter, die sporadisch ihre irgendwann erlernten

Leinenübungen machen und wie wild die Richtung wechseln, nur um nach dem zehnten Mal verbittert den Weg fortzusetzen und den Hund weiterziehen zu lassen – immerhin wurde es ja nun versucht, dem Hund das mit der lockeren Leine beizubringen, und morgen ist auch noch ein Tag.

Die meisten Hunde haben übrigens im Alter von etwa zehn Jahren nicht mehr so viel Kraft, dass sie sich nach allen Regeln der Kunst als Zugtiere betätigen können. Es gibt also Hoffnung.

Während der Mensch weiß, dass die Leine ein notwendiges Übel ist, um den Hund in manchen Gebieten bei sich zu halten, ist es für den freiheits liebenden Vierbeiner ein Utensil, das auf jeden Fall verboten gehört. Der Zug am Halsband erschwert ungestörtes Schnuppern an jeder beliebigen Stelle – von dem unmöglich gemachten Durchstarten, um Vögel oder andere Wildtiere zu jagen, ganz zu schweigen. Die Leine hindert den Hund von Welt schlichtweg daran, auf dem schnellsten und kürzestmöglichen Weg sein Ziel zu erreichen.

Bei Hundebegegnungen an der Leine sollte man aufpassen. Schnuppern ist ok, spielen an der Leine tabu. (Foto:Lamozik)

Oh diese Zweibeiner

Schon dem Welpen wird bald klar, dass Leine und Halsband absolut überflüssig sind. Sitzen bleiben und Bockigsein bringen nichts, da wird man nämlich einfach hinterhergeschleift – ergo: Diese seltsame Kordel bindet einen Hund an den Menschen und sorgt dafür, dass dieser von nun an Richtung und Geschwindigkeit bestimmt.

Es gibt viele Orte, an denen der Hund angeleint sein muss. Um ein gutes Leinenführigkeitstraining kommt man deshalb nicht herum. (Foto: Slawik)

Ein Hund begreift unglaublich schnell, dass wir Zweibeiner im Vergleich zu ihm absolut unterentwickelte Sinnesorgane besitzen. Wir steuern nämlich beim Spaziergang nie die richtige, die bestriechende Stelle an, und wir schleichen immer nur unseres Weges, anstatt in angemessenem Tempo durch die Landschaft zu traben. Hat man als Hund also erst mal gelernt, dass die blöde Kordel um den Hals bedeutet, die Welt jenseits des eigenen Gartens zu erkunden, muss man nur noch seinen Willen an der Leine durchsetzen und den Menschen hinter sich herschleifen, um die schönen und begutachtenswerten Stellen in der Umgebung zu finden – in angemessenem Tempo. Also wird gezogen, geschnüffelt, zurückgelaufen, wieder geschnüffelt, nach vorn gerannt und dabei gezogen – und das in einem fort.

Immerhin bedeutet Leine nicht nur Einengung, nein, sie bedeutet auch die Freiheit zu erschnuppern, die Welt zu entdecken und vielleicht auch ein paar

Freunde zu treffen. Die große weite Welt wartet auf Eroberung, man muss nur schnell genug sein, um alles zu erleben. Und weil der Zweibeiner, der irgendwo hinter einem an der Leine hängt, nur so langsam vorwärtskommt, legt man sich als Vierbeiner mal so richtig ins Zeug – schließlich gibt es wahnsinnig viel zu entdecken, da muss es halt ein bisschen schneller gehen, bevor man das Beste womöglich noch verpasst. Auf geht's also, Hauptsache nach vorn, auf ein unbestimmtes Ziel hin. Das Ziehen am Hals drückt zwar auf den Kehlkopf, steigert aber durch den logischen Mangel an Sauerstoff auch gleichzeitig die Ausschüttung von Adrenalin, was wiederum zu einer Art Glücksgefühl führt. Ein Teufelskreis, den man als Mensch eigentlich vom ersten Tag an unterbinden sollte.

Aber welche Methode ist die beste, wenn man nicht gerade das Glück hat, einen Hund als Partner zu haben, der innerhalb von Zweimal-angesprochen-Werden erkennt, dass es darum geht, dass die Leine durchhängen soll?

Hunde, die an der Leine ziehen, sind eines der abendfüllendsten Themen in Hundeschulen. Das größte Problem ist, dass das Training zur Leinenführigkeit viel Konsequenz erfordert und vor allem langwierig sein kann. Den meisten Menschen ist das zu aufwendig und sie geben nach kurzer Zeit auf, um entweder damit zu leben, dass ihr Hund permanent zieht (was bei einem Hund von drei Kilo nicht so dramatisch und fühlbar ist wie bei einem 50 Kilo schweren Vierbeiner). Nun bietet der gut florierende Markt für Tierzubehör eine Vielzahl an Hilfsmitteln, die sich der verzweifelte, aber willige Hundehalter zulegen kann. Die meisten davon mit der Garantie auf Wirksamkeit, die wenigsten wirklich zu empfehlen – für jeden, der seinen Hund mit Stachelhalsband oder Gesundheitswürger führt, meine Empfehlung: einmal selbst anlegen und dann in eine Leine laufen.

Ich hoffe, die Quittung ist noch da, um das Teil sofort gegen ein weiches Lederhalsband oder, besser noch, ein Brustgeschirr umzutauschen. Doch wenn man sich schon nicht quälender Hilfsmittel bedienen soll, wie kann man dann dafür sorgen, dass der Vierbeiner zumindest den größten Teil der Leinenzeit nicht in der Leine hängt und sich dem Training seines bemuskelten Brustkorbes widmet?

Möglichkeiten gibt es verschiedene, doch egal für welche Methode man sich entscheidet – wichtig ist, dass es keine Ausnahmen gibt und man immer und überall konsequent ist, denn mit jedem Mal, wo der Hund wieder ziehen durfte, macht man einen Rückschritt.

So geht's

Methode Nummer 1:

Sobald der Hund zieht, wechselt man die Richtung. Geht er an lockerer Leine, wird er verbal oder mit einem Leckerchen belohnt.

Methode Nummer 2:

Hängt der Hund in der Leine, wird er von seinem Menschen sanft zur Seite gezogen, damit er sein Ziel aus den Augen verliert. Geht er anständig, bekommt er mitgeteilt, dass das genau das Richtige ist.

Methode Nummer 3:

Der Vierbeiner wird an einer mindestens drei Meter langen Leine geführt, und jedes Mal, bevor er das Ende der Leine erreicht, wird er gestoppt, damit er lernt, dass sein Radius begrenzt ist.

Methode Nummer 4:

Die Menschen, die mit dem Clicker arbeiten, können aus Spaziergängen an der Leine Clickersessions machen, bei denen der Hund jedes Mal, wenn er neben ihnen läuft, einen Klick erhält. Allerdings hat man dann unter Umständen bald einen Hund, der nur noch bei Fuß gehen will, was auf Dauer auch sehr lästig sein kann. Von daher also darauf achten, dass man nicht für das Fußgehen klickt, sondern für das Nicht-Ziehen.

Es gibt noch viele andere Methoden, wie man seinen Hund davon abhalten kann, sich vom Hund zum ziehenden Holzrückepferd zu entwickeln, aber die genannten Methoden sind die gängigen, die, richtig und konsequent angewendet, erfolgreich sein sollten.

Noch ein Tipp:

Da man nicht jedes Mal, sobald man mit dem angeleinten Hund das Haus verlässt, Zeit und Muße zu einer Trainingseinheit hat, sollte man dazu übergehen, dem Hund die Unterscheidung von „Ziehen erlaubt" und „Ziehen nicht erlaubt" zu ermöglichen. Beispielsweise kann man dem Hund ein Brustgeschirr anziehen, wenn man nicht üben will, und er kann sich da so richtig reinhängen (ist auch nicht so schlecht für die Halswirbelsäule des Hundes wie ein Halsband), während er beim Tragen des Halsbandes unter keinen Umständen ziehen darf.

Problem Nummer 4:
Nicht alleine bleiben können

„Mein Hund jammert immer so fürchterlich, wenn ich das Haus verlasse. Der kann keine fünf Minuten allein bleiben, ohne dass die Nachbarn kurz davor sind, die Polizei zu rufen. So geht das nicht weiter." So oder so ähnlich wird weltweit im Abstand weniger Minuten wiederholt ein Problem formuliert, das sich die Menschen in der Regel selbst zuzuschreiben haben. In der heutigen Zeit muss ein Hund mal ein paar Stunden allein bleiben können, ohne ein ganzes Stadtviertel mit den durchdringenden Lauten seiner jammervoll erklingenden Leidensgeschichte zu erfreuen, aber er muss das Alleinbleiben auch erst einmal lernen.

Wenn ein Hund in seine neue Familie kommt, egal ob als bereits erwachsener Vierbeiner oder als Welpe, dann ist er verunsichert. Er befindet sich in einer neuen Umgebung, alles Vertraute ist plötzlich gewichen, und er ist völlig allein in dieser neuen Welt, deren Regeln er noch nicht kennt.

Unsere Aufgabe ist es zunächst, ihm zu zeigen, dass er seinen neuen Menschen vertrauen kann und dass er Halt und Führung in dieser fremden Umgebung erfährt, sodass es ihm möglichst leichtfällt, sich einzuleben. Schon nach wenigen Tagen hat der Vierbeiner in seinen Menschen, sofern sie ihn entsprechend gut behandeln, die Mitte seiner Welt entdeckt, der er blind vertrauen kann, die ihn niemals enttäuschen wird.

Doch dann kommt der Moment, an dem sich die Tür schließt, die Menschen, sein Halt und Trost, verschwinden und ihn zurücklassen. Er versteht seine Welt nicht mehr. Alles, was ihm wichtig und lieb im Leben ist, lässt ihn zurück. Vollkommen allein. Wie soll er

So geht's

Ein Hund muss langsam an das Alleinbleiben herangeführt werden. Er muss lernen, dass es nichts Schlimmes ist, wenn wir ohne ihn das Haus verlassen, weil wir wieder zurück zu ihm kommen werden. Der Hund muss lernen, dass er uns in jeder Situation vertrauen kann, dass wir ihn nicht zurücklassen und er darum bangen muss, ob er wohl vereinsamt stirbt.

Anfangs sollte man nur kurz das Haus oder die Wohnung verlassen, die Tür schließen und sofort wieder zurückkommen. Dann mit wenigen Minuten beginnen und Schritt für Schritt die Zeitdauer verlängern. Wichtig ist allerdings, niemals dann wieder hineinzugehen, wenn der Hund bellt.

wissen, wie es jetzt weitergeht? Was passieren wird? Ängste und Panik sind schreckliche Gefühle, und genau diese durchlebt er jetzt, und das Einzige, was vielleicht helfen kann, ist zu rufen. Zu schreien, lautstark nach seinem Rudel, das immer zusammenstehen muss, um allen Schrecken der Welt begegnen zu können. Immer lauter und lauter, bis endlich, vielleicht nach Stunden, die Tür wieder geöffnet wird und die strahlende Sonne seiner Welt wieder aufgeht. Es hat also geholfen; sein lautes Rufen hat dazu geführt, dass sein Mensch wieder erschienen ist, um ihm beizustehen.

Fazit für den Hund: Lautes Schreien hilft, die Einsamkeit zu beenden.

Er darf nicht die Verknüpfung aufbauen: Ich schreie, also kommt mein Mensch umgehend wieder zu mir. Denn genau das ist es, was viele Hundehalter tun, und sie erziehen damit ihrem Hund regelrecht an, sich die Seele aus dem Leib zu kläffen, wenn er allein ist. Die meisten Hunde lernen sehr schnell eine Zeit lang allein zu bleiben.

Wird der Vierbeiner genügend beschäftigt, dann kommt der Mensch in der Regel auch in eine Wohnung zurück, die noch bewohnbar aussieht und nicht, als sei sie gerade von einer Horde wilder Löwen auseinandergenommen worden. Hunde, die ihrer Zerstörungswut freien Lauf lassen, sobald sie allein sind, haben in vielen Fällen niemals gelernt, alleine zu bleiben. Sie verleihen ihrer Angst Ausdruck, indem sie sich mit irgendetwas beschäftigen, das sie ablenkt, und das entspricht nun mal meist nicht den menschlichen Vorstellungen von Angst- oder Frustrationsabbau.

Statt den Hund in solchen Fällen zu beschimpfen, sollte man über eine Lösung nachdenken und an dem Problem arbeiten, indem man beispielsweise einen Raum zur Verfügung stellt, in dem er sich aufhalten kann, ohne Schaden anzurichten, und ihm jede Menge Kauartikel zur Verfügung stellt. (Alternativ kann man den Hund auch Schritt für Schritt an eine Hundetransportbox gewöhnen.)

Aber: Arbeiten Sie am Alleinbleiben. Trainieren Sie in langsamen Schritten mit dem Hund, und verlieren Sie nie die Geduld. Ein Hund liebt seinen Menschen und er will von diesem nicht getrennt sein. Nicht unser Hund ist es, der die Schuld trägt, sondern wir sind es, die ihm nicht genügend Vertrauen und Sicherheit vermittelt haben.

Es gibt eine schier unendliche Anzahl weiterer Probleme, vor die ein Hundehalter im Verlauf der Jahre gestellt wird.

Doch schon anhand der vier genannten wird eines ganz klar: In allem, was man von seinem Tier erwartet, muss man klare und immer gültige Regeln aufstellen.

Der Hund kann nicht entscheiden, wann der Moment gekommen ist, etwas anders zu tun, als er es sonst machen darf oder muss. Was wir von unserem Hund erwarten, muss immer gültig sein. Egal ob wir ihm beibringen wollen, wirklich niemals an der Leine zu ziehen, ob er lernen soll, nie einen Menschen anzuspringen oder nicht auf jedes Sofa zu springen: Wir sind dafür verantwortlich, ihm das konsequente Einhalten dieser Regeln beizubringen.

Ein Fehler ist es anzunehmen, der Hund wisse genau wann er etwas

Auch wenn er so dreinschaut: Dieser Hund hat gelernt, dass die Welt nicht untergeht, wenn er alleine bleiben muss.

dürfe und wann nicht. Wir machen es uns und unserem Hund unglaublich schwer, wenn wir zur Abwechslung erlauben, dass er zieht, weil wir gerade keine Lust zum Üben haben. Woher soll der Hund denn wissen, dass er eigentlich nie ziehen soll, wir aber montags, mittwochs und sonntags so stressige Tage haben, dass wir keine Muße zum Üben der Leinenführigkeit haben? Wie soll der Vierbeiner unterscheiden lernen zwischen Frau Meier, die es völlig in Ordnung findet, wenn Laika sie anspringt, und Herrn Müller, der uns das Ordnungsamt auf den Hals schickt, wenn ein etwas ungestümer Hund ihn „anfällt"?

Für unseren Hund könnten alle Menschen dieser Welt eine Frau Meier sein.

Vor allen Dingen kann ein Hund nicht wissen, dass nicht alle Sofas dieser Erde nur dazu da sind, sich draufzulegen, wenn er das doch zu Hause immer darf. Er kann nicht wissen, dass es einen Unterschied gibt zwischen unseren ohnehin hundefreundlich abgedeckten Möbeln und den sterilen Betten des Viersternehotels. Wir müssen uns nur immer ganz kurz in den Vierbeiner hineinversetzen, uns dann fragen, was wir eigentlich wollen, und schließlich ganz konsequent danach handeln, um einige Sorgen weniger zu haben.

Eigentlich alles ganz einfach, oder?

Kauen lenkt ab!

Es ist noch kein Napoleon vom Himmel gefallen

Drohen und Knurren kann vielfältige Gründe haben.

Hunde, die ausrasten, wenn sie einen anderen Hund nur schemenhaft am Horizont erblicken, gibt es zuhauf. Sie bellen, sie knurren, sie zetern. Sie zeigen der ganzen Welt, dass sie die Könige sind, denen die Hundewelt zu Füßen zu liegen hat. Dass sie dieses Gehabe schnell abstellen, wenn sie ohne Leine und weit ab von Frauchen und Herrchen sind, vergessen sie in ihren Terrormomenten völlig.

Dem anderen Ende der Leine, das eben diese in der Hand hält, sind solche Ausraster fürchterlich unangenehm. Von bettelndem Einreden auf den Vierbeiner, doch endlich damit aufzuhören, über Anschreien (und damit aus Hundesicht mitmachen, um die anderen zu vergraulen) bis hin zu sofortiger Flucht durchs Dickicht ist alles dabei. Egal welche Reaktion beim Zweibeiner durch das Verhalten seines Hundes hervorgerufen wird, sie wird immer begleitet durch die Frage: Warum gerade mein Hund?

Betrachten wir einen möglichen Werdegang zum Napoleon-Hund doch einmal am Beispiel von Filou, dem Terrier.

(Hinweis: Nachfolgendes gilt nicht nur für Terrier, sondern für jede andere Rasse gleichermaßen. Das Prinzip ist immer dasselbe.)

Brave Hundeeltern wollen für ihren Filou natürlich nur das Beste. Und die beste Erziehung beginnt mit bester Sozialisation. Filou lernt also viele Dinge in seiner Umwelt kennen, von denen ihm einige ein wenig Angst machen. Natürlich möchten seine Hundeeltern das nicht und sie wollen schon gar nicht, dass ihm etwas Schlimmes passiert. Weil Filou außerdem so viel kleiner und knuffiger ist als alle anderen Hunde dieser Welt, wird er immer dann in Schutz genommen, wenn seine menschlichen Partner meinen, es könnte gleich Gottes Zorn auf ihn darniederprasseln, wenn sie nicht richtig

achtgeben. Dieser Zorn manifestiert sich häufig in Gestalt großer, böse aussehender anderer Hunde. Dass diese Hunde oft total nett und harmlos sind und nur mit der falschen Farbe oder Größe gestraft sind, ist Filous Zweibeinern nicht bewusst. Sie wissen nur: Unser Kleiner darf keine schlechten Erfahrungen machen, denn mit einem Happs verschwindet er sonst auf Nimmerwiedersehen im Rachen des großen Hundes. Und weil sicher eben sicher ist, nehmen sie ihr kleines Unschuldslamm bei Begegnungen mit großen Hunden lieber auf den Arm.

Für Filou ist das prima: Während er vorher nur gesehen hat, dass ein älterer, größerer Hund kommt, dem er schon allein aufgrund des Größenunterschiedes Respekt zollen sollte, wird er von einem Moment auf den anderen vom Zwerg zum Riesen.

Wenn sich die kleine Hermine auf dem Schoß Ihres Herrchens ausgeruht hat, muss sie sich auf ihren eigenen vier Beinen wieder die große Welt erobern. Herrchen und Frauchen passen aber immer gut auf. (Foto:Fritschy)

Schlussfolgerung des Hundes:

Mir, dem Winzling Filou, kann prinzipiell gar nichts passieren, weil ich immer um das Zigfache meiner Körpergröße wachse, wenn andere Hunde kommen. Außerdem reden mir meine Menschen immer noch gut zu, was wohl bedeuten muss, dass die anderen Vierbeiner kräftig von oben beschimpft werden müssen, um sie zu vertreiben. Die anderen halten mich für den Meister, der aus der Höhe kommt.

Je häufiger er andere Hunde (in seinen Augen) durch wütendes Gekläffe vom Arm aus vertreibt, desto stärker festigt sich dieses Verhalten, sodass Filou es derart verinnerlicht, dass er bald auch anfängt, sein riesenhaftes Ego vom Boden aus kundzutun – egal wie groß oder klein der andere Hund ist. Er hat ja gelernt, dass er ruhig schimpfen darf, es sogar soll.

So erzieht man sich einen hauseigenen Napoleon, der nie die Chance hatte,

Erziehen Sie sich keinen Napoleon. Auch kleine Hunde mit großen Herzen können ihren Mann stehen.

seine eigene Größe anzuerkennen und soziales Verhalten zu erlernen.

Dies ist eine häufig angewandte Methode von Hundeeltern, sich ihren Hund zu verziehen. Nur im besten Sinne wird versucht, dem Hund ein gutes (und vor allem langes) Leben zu ermöglichen, und die Konsequenzen, die sich daraus ergeben, einen Hund nicht hundegerecht zu behandeln oder aufwachsen zu lassen, führt sich kaum jemand vor Augen. Sicher, es ist nicht leicht, das ideale Mittelmaß zwischen Überängstlichkeit und Leichtsinn in der Hundeerziehung zu finden, aber ein paar Schrammen gehören zum Aufwachsen dazu: nicht nur bei Kindern, auch bei Hunden. Selbstverständlich ist damit keinesfalls gemeint, seinen Hund immer und überall allein schwierige Situationen meistern zu lassen. Nicht jeder fremde Hund kann dem eigenen gutes Sozialverhalten beibringen (wir wissen ja nicht, ob dieser überhaupt sozial ist). Aber gut sozialisierte Hunde zu finden ist eben auch eine Aufgabe, der man sich als Hundeeltern stellen sollte. Dazu spricht man zum Beispiel mit anderen Hundebesitzern und beobachtet deren Hunde oder besucht Hundeschulen und macht sich schon vor Anschaffung eines Welpen Gedanken darüber, ob diese Welpenstunde die richtige sein kann.

Das machen wir schon seit 30 Jahren so

Mehr als einmal in unserem Leben und Wirken als Hundehalter treffen wir ihn – den Prototyp des allwissenden Hundehalters. Er lauert auf Spaziergängen, in Innenstädten, beim Tierarzt oder in Restaurants, die wir mit unserem Vierbeiner besuchen. Und zwar immer ausgerechnet dann, wenn gerade mal etwas nicht so gut klappt.

Der allwissende Hundehalter

Wenn Hasso in der Tierarztpraxis Filou anknurrt, weil der ihn komisch anschaut, oder wenn Cora dem beim Spaziergang getroffenen Labrador ihre strahlend weißen Zähne präsentiert: Der Durchschnittshundemensch wird sich in solchen Situationen entweder darauf besinnen, eine Entschuldigung zu murmeln und seinen Hund wegzuziehen oder anderweitig irgendwie abzulenken, um den Schaden möglichst klein zu halten. Doch ehe er sich's versieht und sich aus der Schusslinie gebracht hat, um weiterhin in Ruhe

seinen Gedanken nachzuhängen, wird er von einer nörgelnden Stimme aufgehalten, die sofort in schulmeisterlichem Tonfall darüber zu referieren beginnt, wie man es denn anders und besser mit Hasso oder Cora machen könnte. Der Prototyp des allwissenden Hundehalters wartet mit seiner reichhaltigen Erfahrung immer und überall mit einer Gratisstunde zum Thema Hundeerziehung auf.

Da müssen Sie jetzt aber mal richtig durchgreifen

Trifft man ihn zum Beispiel bei einem Spaziergang, bei dem Hasso seinen Hund anbellt, bekommt Hassos Mensch gleich die Basislektion in Sachen Gehorsamstraining. Die weitschweifigen Ausführungen beginnen meist mit: „Da müssen Sie aber jetzt mal richtig durchgreifen, sonst wird das immer schlimmer." Sie beinhalten fast zwangsläufig irgendwo im Monolog über Durchgreifen, Dominanz und „Nichts-gefallen-Lassen" die Worte: „Ich kenne mich aus, ich hab' schon seit 30 Jahren Hunde." Dieser Teil wird mit stolz geschwellter Brust und im Tonfall der völligen Überzeugung, dass das vor 30 Jahren erworbene Wissen immer noch und vor allem für absolut jeden Hund gültig ist. Individualität wird eben hoffnungslos überschätzt. Der Anhänger der alten Schule hat es erfolgreich geschafft, allen Erkenntnissen zum Lernverhalten sowie den Tierschutzgesetzen aus dem Weg zu gehen, und versucht nach wie vor, die armen Seelen, die ihre Vierbeiner offenbar nicht im Griff haben, zu bekehren. Leider sind diese Praktiken nicht nur in Privathaushalten anzutreffen, sondern es gibt immer noch Hundeschulen oder -vereine, die vermitteln, dass der einzige Weg zu einem gehorsamen Hund darin besteht, seinen Willen zu brechen.

Aufstellen und Fuß!

Als ich vor einigen Jahren auf der Suche nach einem Hundeverein war, um mit meiner psychisch völlig derangierten Tierheimhündin gemeinsam mit anderen Hunden zu arbeiten, schaute ich mir auch im Nachbarort das Training eines Vereins an.

Da im Vereinsnamen die Worte „Freund" und „Hund" auftauchten, ging ich, naiv wie ich damals in Sachen Hund noch war, mit bestem Gefühl zum Kennenlern-Nachmittag. Die Begrüßung war ohne Frage sehr nett, und nachdem ich die diversen Probleme mit

meiner Hündin erklärt hatte, wurde auch schnell gesagt, dass man ihr das „auf jeden Fall austreiben" könne. Ich hätte da schon stutzig werden sollen, denn das Vokabular sprach, rückblickend betrachtet, doch seine ganz eigene Sprache. Zum Glück für mich (und vor allem für meinen Hund) lehnte ich das Angebot, beim stattfindenden Kurs doch gleich mal mitzumachen, dankend ab und setzte mich an den Rand des Trainingsplatzes, um erst einmal in Ruhe zuzuschauen. Schon kurz darauf erschienen die ersten Mensch-Hund-Teams und betraten den Platz, während sich die Begleiter dieser Teams zu mir an den Rand gesellten, um ihren Partnern beim Training zuzuschauen.

Schön fand ich, dass die Gruppe, was die Hunde anging, sehr gemischt war: Vom mittelgroßen Mischling über einen Dalmatiner bis hin zum Rottweiler war fast alles vertreten.

Bedenklich war es für mich jedoch, dass jeder dieser Hunde ein Stachelhalsband trug. Außer mir war noch jemand Neues da: eine ältere Dame mit einem unglaublich netten Spitzmischling, der erwartungsfroh in die Runde blickte und sein Frauchen schier anhimmelte. Wie sie erklärte, fehlte ihrer Lara der Grundgehorsam, den sie nun hier erlernen wolle. Sie beteiligte sich

Zweibeinige Hundeeltern nehmen eine verantwortungsvolle
Aufgabe auf sich, wenn sie sich einen Welpen ins Haus holen.

Dieser kleine Rüde hat großes Vertrauen zu seinem Frauchen und folgt gerade deshalb wie eine Eins.

gen Actionfilm entsprungen zu sein: bis auf wenige Millimeter rasierte Haare, ein schwarzer Kampfanzug und schwarze Lederstiefel. Dazu ein strenger Blick und leider auch die entsprechende Stimme und Laune.

Er schritt also in die Mitte des Platzes und donnerte mit markerschütternder Stimme ein „Aufstellen und Fuß!" über den Platz. In Windeseile stellten sich die Teilnehmer in einer Reihe auf und gingen los. Es war ein Bild des Jammers: Das Gezerre und Gerucke an den Leinen, wenn der Hund auch nur einen Zentimeter zu weit nach vorn ging, die unglücklichen Mienen der Hunde, die hängenden Ruten – bei absolut keinem Hund war Freude an der gemeinsamen Arbeit erkennbar. Nur Unsicherheit und Angst davor, wann der nächste schmerzhafte Ruck, das nächste völlig unvorhersehbare Anbrüllen käme.

Einzig Lara lief freudig neben ihrem Frauchen und himmelte diese an. Gut, sie ging nicht perfekt bei Fuß, aber sie hatte sichtlich Spaß an der gemeinsamen Aktivität. Spaß – auf seinem Hundeplatz? Das konnte der Sergeant (ich meine natürlich, der Trainer) nicht durchgehen lassen.

sofort mit Lara am Kurs und begab sich zu den Paaren auf dem Platz.

Und dann kam er – der Trainer. Ich wäre beinahe an meinem herzhaften Lachen erstickt, so surreal kam mir die Szene vor. Aus dem Vereinshaus trat ein Mann auf den Platz, der den Eindruck erweckte, direkt aus einem billi-

Mit langen Schritten gesellte er sich zu Lara und Frauchen, entriss der die Leine und legte los: Zerrte den verstörten Hund hinter sich her, riss wie ein Geisteskranker an der Leine, um sie in der Fuß-Position zu halten, und plärrte den Hund alle fünf Sekunden an, er solle nun endlich „Fuß" gehen. Als er Laras entsetztem Frauchen die Leine wieder in die Hand drückte, versuchte eine völlig verstörte Lara nur noch zum Ausgang zu kommen und der Hölle, die sich ihr da eben offenbart hatte, zu entrinnen. Doch das ging nicht. Laras

Frauchen wurde vom Trainer ins Gebet genommen: Der Hund sei dominant und müsse von nun an auf jeden Fall mit Stachelhalsband geführt werden. Außerdem müsse das Frauchen endlich anfangen, einen anderen Ton anzuschlagen, bisher sei sie da viel zu sanft gewesen. Leider ging diese Geschichte noch weiter: Ich bekam mit, wie eine Frau, deren Mann das Training mit dem Familiendalmatiner absolvierte, im Plauderton einer anderen Zuschauerin erzählte, dass sich der Hund immer hinter der Couch verstecke, sobald sie das Halsband rausholten.

In diesem Moment war es für mich endgültig vorbei. Ich wetterte halblaut gegen solche Erziehungsmethoden, trat so schnell wie möglich den Weg zu meinem Auto an und flüchtete zurück in die Neuzeit. In eine Welt, in der man schon von hundefreundlichem Training gehört hatte. Oft noch musste ich an Lara denken, einen freundlichen Hund, der sein Frauchen liebte und nur aufgrund mangelnden

Natürlich muss auch dieser kleine Hosenbeißer lernen, dass es so nicht geht. Mit Geduld und Konsequenz kommt man aber auch hier zum Ziel.

Gehorsams vielleicht für immer ihres Vertrauens in ihre Familie beraubt wurde.

Leider gibt es immer noch viele Hundehalter, die denken, dass Gewalt und Gebrüll der einzige Weg sind, einem Hund etwas beizubringen. Geraten diese Menschen nun an einen Hund, der sich dann endlich irgendwann gegen die Unfähigkeiten wehrt – sei es aus Angst oder sei es, weil er die ewigen Provokationen satt hat –, haben wir einen Hund, der möglicherweise unberechenbar ist. Vor allem, wenn er sich mit Beißen wehrt, kann dies für den Hund traurig enden.

Gewalt hat in der Erziehung von Tieren nichts zu suchen. Einem Tier den Willen zu brechen, um es gefügig zu machen, ist einer der niedersten vorstellbaren Mechanismen, und nur der Mensch ist dazu fähig. Geduld, Konsequenz und eine einfache und klare Sprache sind das Handwerkszeug, mit dem wir es schaffen, aus unserem Vierbeiner einen gehorsamen Begleiter zu machen.

Versetzen Sie sich einmal in die Situation der Hunde, die anhand von Schmerzen lernen sollen, was Fußgehen bedeutet. Der Hund merkt erst mal nur, dass ihm in offensichtlich willkürlich gewählten Abständen Schmerzen zugefügt werden, und zwar von dem Menschen, dem er vertraut. Er weiß nicht, warum diese Schmerzen kommen, und versucht, den Auslöser zu finden: Ist es der andere Hund, der ihm gerade entgegenkommt? Schmerzt es immer dann? Tut es dann weh, wenn ein anderer Zweibeiner kommt? Oder vielleicht immer dann, wenn er ein Kind anschaut? Dass er direkt neben seinem Herrchen gehen muss, um keinen Schmerz zu empfinden, ist eine sehr abstrakte Lerneinheit für einen Vierbeiner, die in diesem Fall viele, viele Schmerzen bedeutet, bis der Hund es vielleicht verstehen kann.

Begegnen Sie einem dieser unverbesserlichen Menschen, die immer noch, was Erziehung angeht, in den Fünfzigerjahren leben, so ziehen Sie am besten schnellstens mit Ihrem Hund Leine. Die Minuten, die man Ihnen und Ihrem Vierbeiner stiehlt, um altertümliche und tierquälerische Weisheiten loszuwerden, bekommen Sie nie wieder, und diese Zeit ist besser nutzbar: indem Sie beispielsweise mit Geduld und Leckerchen am Platz und Bleib oder vielleicht der Leinenführigkeit arbeiten.

Glücklicherweise ist das geschilderte Beispiel eine extrem negative Ausnahme. Natürlich geht es nicht in allen Hundevereinen und Hundeschulen so zu, es gibt immer mehr positive Gegenbeispiele.

Hundeerziehung mit Liebe und Spaß führt zu einer dauerhaften Beziehung. Gewalt ist tabu. (Foto: Slawik)

Jeder Hundehalter entwickelt im Laufe der Zeit seine eigenen Weisheiten und gibt diese gern an andere weiter.

Der tut nichts!

Dieses Kapitel beschäftigt sich mit einer der liebsten Beschäftigungen, der wir Hundehalter Tag für Tag nachgehen: dem Erfinden irgendwelcher Ausreden, um die Unarten unseres geliebten Vierbeiners zu entschuldigen. Erschreckend dabei ist nicht, dass wir uns stets bemühen, unseren Hund im besten Licht erscheinen zu lassen, sondern vielmehr, dass wir selbst häufig wirklich glauben, was wir da zum Besten geben. So entstehen dann die viel zitierten und mittlerweile schon zu geflügelten Worten avancierten Zitate à la: „Das hat der noch nie gemacht" oder (auch immer wieder gern genutzt): „Der will nur spielen."

Hunde neigen manchmal dazu, genau das zu tun, was sie gerade nicht dürfen.

Ich gebe ehrlich zu, dass auch ich die ein oder andere Ausrede schon genutzt habe, weil sich mal wieder kein Loch im Boden auftat, um mich und meine Scham aus einer peinlichen Hundesituation zu erlösen. Auch wenn sicherlich fast jeder Hundehalter seinen Hund schon einmal in einer unangenehmen Situation hat entschuldigen müssen, so werden sicherlich einige diese dunklen Tage erfolgreich verdrängt haben und sich frei von aller Schuld fühlen.

Warum denken wir eigentlich, wir müssten uns für das Verhalten unserer Tiere entschuldigen? Liegt es vielleicht an den vielen alten „Weisheiten", die wir Hundehalter alle schon einmal gehört haben und von denen immer noch viele Menschen glauben, dass sie das Maß der Hundeerziehung sind? Welche Situationen sind typischerweise diejenigen, in denen die geflügelten Worte (die mittlerweile sogar auf T-Shirts, Taschen und anderem Zubehör aufgedruckt zu erwerben sind) Anwendung finden? Ein kurzer Ausflug in die Welt der Erziehungsmythen und glorreichen Ausflüchte kann es vielleicht erklären.

Aber ich hab mal gehört …

Sie lauern überall, und nirgends ist man vor ihnen sicher: vor den Menschen, die zu allem einen Kommentar abgeben, die einfach alles besser wissen. Sei es, dass sie einem erklären wollen, wie man seinen Koffer richtig

Buddeln verboten

Der tut nichts!

packt, sei es, dass sie einem beim Spaziergang begegnen und ihre Weisheiten in puncto Hundeerziehung lautstark kundtun. Egal, ob das Gegenüber es wissen möchte oder nicht. Und interessanterweise sind es immer dieselben Geschichten, die sich der harmlose Spaziergänger und sein Hund anhören müssen. Abgedroschene und längst widerlegte Thesen werden hier in Stammtischmanier zum Besten gegeben, sei es, dass es um die Theorie „Das machen die unter sich aus ...“ geht oder aber um die beliebte und vor allem antiquierte Erziehungsmethode zur Stubenreinheit, die da lautet: „Den Welpen mit der Nase in sein Geschäft drücken“ – eine grausame Bestrafung für einen Vierbeiner mit derart hoch entwickeltem Geruchssinn, mit dem unsere Hunde nun einmal ausgestattet sind. Besonders gut gefällt mir persönlich allerdings der weit verbreitete Mythos zum immer gültigen „Welpenschutz“.

Woher diese Thesen stammen, das zu studieren ist sicherlich ein eigenes Forschungsgebiet wert. Sicher ist aber, dass sie sich, ähnlich wie die sogenannten urbanen Legenden, weiter und weiter verbreiten, und keiner weiß so genau, woher er das, was er weitergibt, eigentlich hat, aber jeder weiß, „dass er mal gehört hat, dass ...“

In der Regel hört man als Nullachtfünfzehn-Hundehalter diese Theorien beim entspannten Spaziergang, bei dem man auf andere Hundebesitzer trifft. Wir Hundehalter sind ja nun mal ein geselliges Volk und meistens nicht abgeneigt, uns in einen netten Plausch mit anderen Hundebesitzern zu vertiefen. Im besten Fall kommt man miteinander ins Gespräch, weil die jeweiligen Vierbeiner gerade Freundschaft geschlossen haben und wild anfangen zu toben. Im eher ungünstigen Fall tauscht man Adressen aus, weil die Vierbeiner beschlossen haben, sich im gegenseitigen Kräftemessen zu versuchen. Diesen Fall hat man häufig dann, wenn zwei Hunde sich begegnen, anhand ihrer Körperhaltung schon zeigen, dass sie nicht bereit sind, einfach ruhig und friedlich aneinander vorbei ihrer Wege zu ziehen, und einer von beiden Hundehaltern dem anderen zuruft: „Keine Sorge, die machen das unter sich aus!“ Meistens kracht es schon, während der Satz noch nicht ganz ausgesprochen ist. Warum manche Menschen so bedacht darauf sind, dass ihr Hund sich in Raufereien verfängt, wird mir immer ein Rätsel bleiben. Innerhalb eines Rudels mag es durchaus zu kleineren regelmäßigen Auseinandersetzungen kommen. Wenn aber völlig fremde Hunde, die nicht miteinander

„Ehrlich, das mache ich sonst nie!"
(Foto: Kuhn)

Der tut nichts!

leben und sich auch nicht regelmäßig wiedertreffen, in aggressivem Grundtenor (erkennbar an der geduckten Körperhaltung, häufig begleitet von aufgestelltem Nackenfell und hoch getragener Rute sowie fixierendem Blick) aufeinander zugehen, dann sollte man nicht darauf vertrauen, dass es ein schnelles und vor allem gänzlich unblutiges Ende nimmt.

Was lernt ein Hund, der sich immer und überall prügeln darf? Wenn er meistens der Stärkere im Kampf ist, dann lernt er, dass Mobbing eine ziemlich coole Sache ist, die man sooft es geht wiederholen sollte, denn immerhin stärkt es das hundliche Ego. Wenn er häufig der Unterlegene ist, dann zeigt ihm das nur, dass alle anderen Hunde doof sind und sein Zweibeiner unfähig auf ihn aufzupassen.

Beides wird Probleme nach sich ziehen, in der Form, dass sowohl der Starke als auch der Unterlegene alsbald dafür sorgen, dass Spaziergänge in völliger Ruhe und Entspannung spätestens beim Anblick eines anderen Hundes passé sind. Der Starke will den anderen zeigen, wo der Hammer hängt, während der Schwache schon aus der Entfernung deutlich machen will, dass man ihm besser nicht zu nahe kommt.

Wir sehen: Die machen das zwar unter sich aus, aber die Konsequenzen, die nach solchen, fast immer vermeidbaren Zusammenstößen zu tragen sind, sind es wirklich nicht wert.

Auch das Thema Stubenreinheit bietet Platz für schier unendlich viele Theorien, wie man sie dem Vierbeiner denn nun beibringt. Wenn man sich inmitten einer Gruppe erwachsener Menschen aufhält, die alle einen Welpen ihr Eigen nennen, dann schwirrt einem schnell der Kopf, so heiß wird hier diskutiert. Ist eine solche Gruppe zusammen, wird nach kurzer Zeit die Frage „Und wie macht ihr das mit der Stubenreinheit?" in die Runde geworfen – und alle stürzen sich darauf, wie eine Horde

Solche Auseinandersetzungen muss man als Hundebesitzer ganz genau beobachten und notfalls eingreifen. (Foto: Röder)

Krähen, die einen Kadaver am Straßenrand entdeckt hat. Das Thema ist nämlich deshalb so beliebt, weil hier jeder mitreden kann. Schließlich müssen alle frisch gebackenen Hundeeltern hier durch und sind gern bereit, ihre Erfahrungen auszutauschen. Was die Kommunikationsbereitschaft angeht, unterscheiden sich Welpengruppen in keinster Weise von Elterntreffen im Kindergarten.

Stubenreinheit

Im Folgenden möchte ich mit den leider immer noch gebräuchlichen Methoden in der Erziehung zur Stubenreinheit aufräumen.

Irrtum 1:

Den Hund mit der Nase in das Geschäftchen drücken und laut Pfui sagen.

Zu Beginn dieses Kapitels habe ich schon kurz angedeutet, was von dieser Methode zu halten ist. Obwohl immer noch weitverbreitet („Der Nachbar des Freundes einer Freundin hatte vor zehn Jahren mal einen Hund, und der hat erzählt, dass man das so macht"), gehört das Hineintunken eines kleinen sauberen Hundekindes in seine eigenen Hinterlassenschaften ganz weit nach hinten in den Antiquitätenschrank der Erziehungsmethoden. Der Hund wird dies unter Umständen sehr unangenehm finden, der Lerneffekt liegt jedoch bei null. Er weiß nicht, was er falsch gemacht hat, und er bekommt auch nicht gezeigt, was er anders, was er besser tun soll.

Grundsätzlich ist zum Thema Bestrafung anzumerken: Sie sollte immer wohlüberlegt und dosiert eingesetzt werden und niemals ein absolut natürliches, hundetypisches Verhalten betreffen. Wenn man dann noch überzeugt ist, dass man seinen Vierbeiner unbedingt für etwas tadeln will, dann muss dies sofort (innerhalb der ersten fünf Sekunden nach Vergehen, besser noch während des unerwünschten Verhaltens) erfolgen.

Irrtum 2:

Wenn man die Hinterlassenschaft in der Wohnung findet, dem Welpen mit einer Zeitung einen Klaps geben.

Dies scheint die beliebteste Methode zu sein, jedenfalls wenn ich den vielen Gesprächen, denen ich in den verschiedensten Welpengruppen beiwohnen konnte, Glauben schenke. Aus einem

Der tut nichts!

mir unerfindlichen Grund scheint der Mensch immer bemüht zu sein, mit Gegenständen um sich zu schlagen. Ob das wohl noch ein Relikt aus der Steinzeit ist, als wir mit Keulen bewaffnet versuchten Säbelzahntiger aus unseren Höhlen zu verbannen? (Oder diese so stubenrein zu bekommen, wer weiß das schon genau?)

Auch hier gilt: Außer dass wir das Urvertrauen, mit dem der kleine Hund auf diese Welt gepurzelt ist und das er uns in unerschütterlicher Weise entgegen-

bringt, arg ins Wanken bringen, wenn wir ihm mit der Zeitung eine auf den Po geben, hat diese Methode keinen Effekt. Denn wie weiter oben beschrieben, ist auch hier die Zeitspanne zwischen Verrichtung des Geschäfts und der Bestrafung viel zu groß, als dass Hund noch verstehen könnte, dass er einen Klaps bekommt, weil er in den Flur gepieselt hat. Für ihn ist das nur mal wieder ein Zeichen für die Unfähigkeit und Unberechenbarkeit des Menschen, der ihn aus heiterem Himmel haut.

Diese Welpen sind alle noch nicht stubenrein. Es wird viel darüber diskutiert, wie man ihnen das am besten beibringen kann.

Wie soll sich ein Hundekind so entwickeln können, dass es Vertrauen in die Verlässlichkeit seines Zweibeiners hat?

Es muss wissen, dass sein Herrchen ein absolut souveräner Rudelführer ist, der in jeder Situation richtig handelt. Und ganz abgesehen davon: Warum sollte man ein Tier dafür bestrafen, dass es einem dringenden Bedürfnis nachgibt? Wenn das Geschäft in die Hose (oder im Falle des Hundes eben auf den Teppich) geht, sollte der Mensch sich selbst bestrafen, weil er mal wieder nicht aufgepasst und es versäumt hat, dem Hund zeitnah einen Alternativplatz zu zeigen.

Irrtum 3:

Ganz und gar schrecklich finde ich die folgende Art, einen Welpen zur Stubenreinheit zu erziehen (diese Geschichte hat mir eine Teilnehmerin eines meiner Junghundekurse erzählt. Ein anderer Trainer hatte ihr geraten, es so und nicht anders zu machen.),

Der kleine Welpe wird an einer einen Meter kurzen Leine am Tisch festgebunden und bekommt weder Futter noch Wasser, wenn niemand Zeit hat, sich um ihn zu kümmern. Da Welpen ihr Lager nicht beschmutzen, macht er nichts in die Wohnung, bis man mit ihm rausgeht. Wenn er dennoch diesen Platz verunreinigt, dann bekommt er Schläge, damit er sich merkt, dass das unerwünscht ist.

So grausam können auch nur Menschen sein. Man stelle sich den kleinen Wurm einmal vor, wie er stundenlang an einer Leine hängt, die ihm keinerlei Bewegungsfreiheit bietet, Hunger und Durst leidet und verzweifelt versucht einzuhalten, bis es nicht mehr geht. Dann freut er sich, weil sein geliebter Mensch endlich kommt, um ihn zu befreien, und bekommt auch noch Schläge. Ich muss wohl nicht lange erklären, warum dieser Hund absolut keine Bindung zu seinem Frauchen hatte und sich im Kurs an jeden Menschen drangehängt hat, jedoch nie freiwillig zu ihr lief. Das Vertrauen war nicht nur bis in die Grundfesten erschüttert, sondern komplett zerstört, sodass letztlich nur die Abgabe des Hundes in eine neue Familie blieb. Denn trotz einer Vielzahl an vertrauensfestigenden Übungen hat der Welpe sich in jeder Stunde hinter mir versteckt, wenn sein Frauchen ihn freundlich gerufen und mit Leckerchen gelockt hat. Die Wunde war zu tief, um sie noch einmal so zu kitten, dass aus den beiden ein Team hätte werden können, das sich in jeder Situation hundertprozentig aufeinander hätte verlassen können.

Die Belohnung erwünschten Verhaltens kann dazu beitragen, dass unerwünschtes Verhalten erst gar nicht auftritt und demnach eine Bestrafung von vornherein nicht erforderlich macht.

So geht's

Einem jungen Hund beizubringen, dass er nur draußen sein Geschäft verrichten darf, ist eine der einfachsten Übungen auf der langen Straße der Erziehung.
Es braucht nur einen Menschen, der gut aufpasst und schnell reagiert, dann funktioniert der Rest bald von allein.

Grundsätzlich gilt: Welpen müssen innerhalb kurzer Zeit, nachdem sie gefressen oder getrunken haben, nach draußen. Sobald sie sich an einer geschützten Stelle auffällig oft drehen oder dort schnuppern und schon beginnen, ihren kleinen Körper zu krümmen, wird es allerhöchste Zeit. Am besten nimmt man das Hundekind ganz schnell auf den Arm (dran denken: Eine Hand gehört unter den kleinen Hundepopo) und begibt sich zu der Stelle, wo er sich in Ruhe lösen kann. Freundliche Worte zur Belohnung zeigen ihm, dass Pieseln draußen super ist. Nach mehrmaligen Wiederholungen versteht der Welpe sehr schnell, dass er zu der Tür gehen sollte, zu der er immer hingetragen wird, wenn es gilt, einem dringenden Bedürfnis nachzugeben. Hin und wieder wird trotzdem ein Malheur passieren. Findet man die Pfütze oder gar den Haufen, putzt man es kommentarlos weg und macht sich die mentale Notiz, ab sofort wieder besser aufzupassen.

Eine genaue Beobachtung des Welpen ist eine wichtige
Voraussetzung für die Erziehung zur Stubenreinheit. Dieser kleine
Kerl hat sich schon gelöst und spielt nun fröhlich auf der Wiese.

Vorsicht! Welpenschutz ist ein Mythos.

Welpenschutz

Ein Thema, das jeder kennt, der schon mal einen Welpen hatte: Welpenschutz.

Ich bin im Besitz einer recht ansehnlichen Sammlung Hundebücher zu den verschiedensten Themen, und noch nie ist mir in einem dieser Bücher die Theorie begegnet, dass ein Welpe völlig bedenkenlos auf die Hundewelt losgelassen werden kann, weil er unter Welpenschutz steht.

Woher auch immer dieser Mythos stammt: Er hält sich überaus hartnäckig in der Welt der Hundehalter und wird immer und überall, wo sich Menschen und Welpen aufhalten, mündlich weitergegeben. Sogar Welpenbesitzer, die ihren kleinen Hund erst seit drei Tagen bei sich haben und noch niemals vorher einen Hund hatten oder Kontakt zu Hundemenschen, glauben schon zu wissen, dass es so etwas wie Welpenschutz gibt.

Es ist wirklich ein Phänomen – und zwar eines, das für viel Zündstoff sorgt, wenn der erwachsene Hund von Herrn Meier es gar nicht so klasse findet, dass der ungestüme Welpe von Frau Schmitz auf ihn zugestürmt kommt, um ihm erst mal die Nase zu lecken. Schreiende Welpen, die sich mal kurz einnässen und sich auf den Rücken werfen, werden von den meisten Menschen nicht als Hunde, sondern als kleine Engel wahrgenommen. Ein Hund dagegen, der dem kleinen aufdringlichen Kerl eigentlich nur zeigen wollte, wie man sich erwachsenen Hunden gegenüber benimmt, wird schnell als Höllenhund gesehen. Man wirft ihm vor, er sei nicht normal und brauche dringend einen Maulkorb, weil er sich nicht an den Welpenschutz gehalten habe. Und während die Hundehalter vielleicht noch darüber streiten, wer denn den vermeintlich unnormalen Hund hat, haben sowohl der erwachsene Hund als auch der Welpe ihre ganz eigenen Erfahrungen gemacht:

Für einen Welpen ist die ganze Welt seine Auster, die geöffnet und entdeckt werden will. An jeder Ecke gibt es die aufregendsten Neuigkeiten zu erschnuppern und die wildesten Entdeckungen in Form von Schnecken oder (ganz besonders unheimlich) Mülltonnen zu machen.

Richtig lustig wird es immer dann, wenn ein anderer Hund in Sicht ist. Denn der könnte immerhin ein potenzieller Spielgefährte sein, der mal so richtig ausgelassen mit einem tobt und die wildesten Spiele mitmacht. Nur hat der Beispielwelpe noch nie die Erfahrung gemacht, dass nicht alle Hunde ausgesprochen rücksichtsvoll mit ihm umgehen und ihn gewähren lassen.

Abwarten statt durchstarten ist eine gute Strategie für Hundekinder. Auch die Hundebesitzer können dann die Zeit nutzen, um die Situation abzuschätzen.

Dies bestärkt ihn natürlicherweise darin, dass sein Vorgehen, mit hochgestelltem Schwänzchen frontal auf jeden fremden Hund zuzurasen, auf jeden Fall richtig sein muss. Doch nun trifft er auf Laika, eine siebenjährige Hündin, die in Hundekreisen als „Die Chefin" bekannt ist, weil sie das Hundeeinmaleins und alle Regeln der Höflichkeit unter Artgenossen mehr als genau kennt (sie könnte den Knigge für Hunde verfassen). Davon abgesehen geht sie keinem Streit aus dem Weg geht, wenn ein anderer Vierbeiner ihrer Meinung nach nicht genügend Respekt walten lässt. Und auf diese ausgebuffte Hündin wird nun der kleine Knutschewelpe losgelassen. Laika sieht, dass ein anderer Hund frontal auf sie zukommt und ihr die Nase lecken will. Ein Fauxpas des Welpen und damit erste Lektion: Renne niemals frontal mit aufgestellter Rute auf einen anderen Hund zu, das gibt Ärger.

Tatsächlich: Laika kündigt erst noch mit gekräuselter Nase und tiefem Brummen an, was gleich zu erwarten ist. Als dann der Welpe partout nicht aufhören will, weil seine Masche bisher immer funktioniert hat, greift Hündin Laika zu härteren Maßnahmen und maßregelt ihn mit lauter Stimme von oben herab. In genau diesem Moment greift der Überlebensinstinkt des

Welpen, er schreit in höchsten Tönen und wirft sich auf den Rücken, um sein schutzloses Bäuchlein zu zeigen und damit klarzustellen, dass er verstanden hat und es auf gar keinen Fall zu einer Konfrontation seinerseits kommen lassen will. Schon ist für Laika das Thema erledigt und wieder einem Artgenossen ein wesentlicher Bestandteil hundetypischen Sozialverhaltens nähergebracht worden.

Manche Welpen brauchen diese Lektion gleich zwei-, dreimal hintereinander, weil sie austesten möchten, ob das denn nun wirklich ernst gemeint war, während sensiblere Welpen sich, zumindest für diesen Tag, hinter die Ohren schreiben, dass sie doch etwas vorsichtiger auf andere Hunde zugehen sollten. Diese Erfahrung ist äußerst wichtig für Hundekinder. Sie müssen lernen, dass sie nicht immer und überall auf andere Hunde zurennen dürfen, um diese zu begrüßen.

Lernen sie dies nicht, kann es irgendwann mit einem fremden Hund zu einem heftigen Streit kommen. Üble Verletzungen können die Folge sein, weil der Hund, der nie Sozialverhalten gelernt hat, dann in einem Alter ist, in dem er sich ebenso heftig zur Wehr setzt.

Welpenschutz wird nämlich häufig so verstanden, dass einem armen unschuldigen Wurm aber auch rein gar nichts geschieht und jeder andere Hund ihn entweder ignoriert oder ihn toll findet

Schlussfolgerung des Hundes: Vor anderen Hunden muss man Angst haben und sollte sie auf Abstand halten, indem man schon aus der Entfernung anfängt zu bellen und zu knurren. Hauptsache, sie kommen nicht näher.

Fazit

Welpenschutz ist ein Mythos, der schon zu vielen Wunden bei Welpen und etlichen Streitereien zwischen Menschen geführt hat.

Sozialisation ist wichtig, damit ein Welpe lernt, sich in der Hundewelt zurechtzufinden und die Anstandsregeln hundetypischen Benehmens erlernt.

Daher gilt: Wenn man mit einem Welpen unterwegs ist sollte man ihn immer erst anleinen, wenn ein fremder Hund auftaucht, und mit dem anderen Hundehalter absprechen, ob sein Hund etwas mit Welpen anfangen kann. Damit vermeidet man zu nahe Begegnungen mit Hunden, die den Welpen als kleine Zwischenmahlzeit betrachten könnten.

Es gibt erstaunlich viele Menschen, die einem erzählen können, dass sie ihren Welpen immer haben laufen lassen können. Und deren Vierbeiner nie Stress mit anderen Hunden hatte. Aber:„Sag niemals nie!".

Wenn eine negative Begegnungssituation im Welpenalter so prägend war, kann dies dazu führen, dass Begegnungen für den Rest des Hundelebens immer wieder schwierig sind. Und das ist es doch nun wirklich nicht wert, oder?

Meiner macht das nie

Nahezu jeder Hundehalter lässt sich mindestens einmal im Leben seines Vierbeiners zu dieser Aussage hinreißen. Leider wird dabei immer vergessen, dass es um ein Lebewesen geht, das durchaus über einen eigenen Willen und eine eigene Sichtweise verfügt. Und beinahe immer trifft im Zusammenhang mit dieser Aussage auch der Ausspruch „Einmal ist immer das erste Mal" zu. Es gibt typische Situationen, in denen Aussagen wie „Das macht meiner nie" plötzlich umgewandelt werden müssen in ein „Wirklich, das hat er vor-

her noch nie gemacht". Im Überblick folgen die gängigsten Situationen, in denen beide Aussprüche zu hören sind:

Strolchi springt zum ersten Mal in seinem Leben einen fremden Menschen an.

Während Herr Meier mit seinem Strolchi, wie üblich ohne Leine, durch die Natur wandert und seine Gedanken schweifen lässt, hängt Strolchi mit dem Kopf in irgendeinem Mäuseloch. Ungerührt geht Herr Meier weiter, denn mit Strolchi gibt es keine Probleme. Der läuft nicht zu Spaziergängern, belästigt keine Jogger, und fremde Hunde lässt der auch links liegen – als zweibeiniger Part in dieser Beziehung muss man sich also in keinster Weise kümmern und kann die Spaziergänge so richtig genießen.

Herr Meier hat sogar sehr viel Mitleid übrig für die Menschen, die jedes Mal nach ihrem Vierbeiner rufen müssen, wenn irgendetwas auf zwei oder vier Beinen am Horizont auftaucht, weil sie dann ihren Hund anleinen müssen. Wie wenig entspannend und anstrengend muss ein solcher Spaziergang sein. Und während er noch seinen Gedanken nachhängt, die irgendwo angesiedelt sind zwischen der Frage, was noch

Er sieht aus, als könne er kein Wässerchen trüben. Aber was, wenn er wach wird?

dringend auf die Einkaufsliste soll, und der Hoffnung, diesmal vielleicht die richtigen Lottozahlen getippt zu haben, rennt sein lebensfroher Strolchi an ihm vorbei. Er musste nämlich gerade erkennen, dass Mäuselöcher nur ein perfider Plan der kleinen Nager sind, ihm das Leben schwer zu machen. Nie hält sich eine Maus in dem Loch auf, das er gerade erweitert hat.

In diesem Moment, in dem Herr Meier sich noch mit einem verklärten Lächeln auf dem Gesicht denkt: „Hund müsste man sein", ertönt auch schon ein markerschütternder Schrei und eine in Hellbeige gekleidete Frau brüllt auf den armen Strolchi ein, der selbst fröhlich wedelnd um sie herumrennt und seinerseits zum verbalen Gegenangriff ausholt. Herr Meier erkennt sofort die vielen kleinen Pfotenabdrücke, die die ehemals helle Hose der Dame zieren. Und dann geht es richtig los: Während Herr Meier von der Dame beschimpft wird, stammelt er nur fassungslos vor sich hin: „Das hat der Strolchi aber noch nie gemacht. Ich weiß gar nicht, warum er das heute ..." Den Rest der Geschichte kann sich wohl jeder ausmalen.

Es kann viele Gründe haben, dass ein Hund, der viele Jahre jedes Lebewesen, das ihm begegnete, ignoriert hat, auf einmal seine Liebe oder seinen Unmut (je nach Situation) für einen bestimmten Menschen entdeckt. Vielleicht hat der Zweibeiner eine ungewohnte Bewegung gemacht, die den Hund erschreckt hat; vielleicht mag der Mensch keine Hunde und hat schon beim Anblick des Vierbeiners extreme Abwehrreaktionen gezeigt. Diese Haltung hat dann allerdings erst recht das Interesse des Hundes geweckt. Vielleicht hat sich sein Mantel im Vorbeigehen aufgebläht, sodass der Jagdinstinkt des Hundes angesprochen wurde; vielleicht hat der Mensch den Hund auch angesprochen und so den Eindruck gemacht, etwas mit ihm zu tun haben zu wollen, oder aber er hat nach einem fremden Hund gerochen.

Es gibt viele verschiedene Möglichkeiten, von denen man niemals wissen wird, welche zutraf, als es dann passiert ist.

Vielleicht gibt es auch gar keine für uns greifbare Erklärung und solche Sachen passieren einfach. Fakt ist jedenfalls, dass es vorkommen kann. Und als Tierbesitzer kann man sich niemals wirklich sicher sein, dass nicht auch der eigene Hund einmal etwas tut, was er bisher nie getan hat. Tiere sind unberechenbar und ihr Verhalten ist niemals zu hundert Prozent vorhersagbar. Genau das macht das Leben mit ihnen so kompliziert und zugleich so wunderschön.

Der tut nichts!

Also: Wenn fremde Menschen oder Tiere auftauchen, immer aufpassen und den Hund anleinen oder ablegen, damit sich keine heiklen Situationen entwickeln können und der bisher stressfreie Spaziergang auch ein solcher bleibt.

Hasso rast plötzlich während des Spaziergangs in den Wald, ist für kein Rückrufkommando mehr empfänglich und bleibt zwei Stunden verschwunden, bis er abgekämpft, aber glücklich wieder den Weg zurückfindet.

Warum ein Hund jagen geht, kann viele Gründe haben. Warum ein Hund plötzlich vom rechten Weg abkommt, kann von vielen Faktoren abhängen. Vielleicht hat sein Besitzer ihn heute viel weiter vor sich laufen lassen als sonst üblich. Vielleicht gab es sonst zwischendurch immer etwas Action mit dem Zweibeiner, der aber heute mit den Gedanken ganz woanders ist, seine neue Liebschaft mitgenommen hat oder die ganze Zeit mit dem Büro telefoniert. So hat Hasso plötzlich viel mehr Muße, um sich mit den Dingen in

Auch wenn diese Border Terrier bisher Respekt vor dem Schwan hatten, kann es sein, dass in ihnen plötzlich der Jäger erwacht. Deshalb: Unbedingt anleinen, bevor es schiefgeht.

seiner Umgebung auseinanderzusetzen, und bemerkt deshalb Aktivitäten im Wald, die ihm bisher verborgen geblieben sind. Vielleicht war auch noch nie zuvor ein Reh so nah an Hasso und seinem Herrchen, weil die

Auf den ersten Blick Idylle pur. Wenn sich die Hunde
hier allerdings alleine auf den Weg machen,
braucht man vermutlich das Fernglas für die Suche.

beiden heute zum ersten Mal durch ein selten genutztes Waldstück spazieren und der Zweibeiner völlig unterschätzt hat, wie stark der Wildwechsel ist und wie groß dessen Anziehung auf seinen Hund.

Es gibt auch hier viele Gründe, die dazu führen können, dass Hasso durchstartet, und wenn jemand fragt, dann heißt es auch hier, im Tonfall der Überzeugung: „Vorher hat er das noch nie gemacht, ich weiß gar nicht, was mit ihm los ist." Ist das einmal passiert, darf man jagdliches Verhalten auf keinen Fall auf die leichte Schulter nehmen. Jagen ist für den Hund ein selbstbelohnendes Verhalten, gegen das nur schwer anzukommen ist. Vorab gilt: Hat man nicht genügend Zeit und Muße, um sich, zumindest zeitweilig, während eines Ausflugs um seinen Vierbeiner zu kümmern, sollte man ihn wenigstens zwischendurch mal anleinen.

Ist das Kind schon in den Brunnen gefallen und der Vierbeiner war aktiv auf der Jagd nach etwas Ess- und Zerfleischbarem, dann ist erst mal Schluss mit leinenlosen Ausflügen durch den Wald. Dann sollte das Rückruftraining als erste Maßnahme wieder hervorgekramt und konsequent durchgeführt werden, und dies muss dann so lange geübt werden, bis auch unter großer Ablenkung ein sicherer Rückruf erfolgt. Klappt das wieder, dann können auch wieder Ausflüge in Waldgebiete ohne Leine gewagt werden; klappt es nicht, dann muss, bevor man wieder durch Wald und Flur streift, auf jeden Fall professionelle Hilfe aufgesucht werden, damit der Vierbeiner nicht sämtliche Waldbewohner irre macht und womöglich irgendwann den Kugeln eines Waidmanns zum Opfer fällt.

Ganz abgesehen davon haben auch Wildtiere ein Recht auf ein ungestörtes und friedliches Leben.

Der Hund, der schon seit sechs Jahren in der Familie lebt, beißt aus heiterem Himmel das dreijährige Kind.

Ein Hund beißt nicht aus heiterem Himmel. Hunde sind anders als Menschen, sie handeln niemals boshaft oder aus falschem Ehrgeiz. In der Regel reagieren sie in Situationen, in denen sie zuschnappen, lediglich auf Reize. Manche Hunde schneller und heftiger, bei anderen ist die Reizschwelle deutlich höher.

Ich weiß nicht, wie oft ich schon Eltern mit Hund darauf angesprochen habe, dass es absolut unverantwortlich ist, ein kleines Kind mit Hund unbeaufsichtigt zu lassen. Die Antwort in allen Fällen war: „Ach, der Hund hat noch nie was gemacht." Und dabei war er schon die ganze Zeit dabei, etwas zu tun: Er flüchtete vor dem Kleinkind, weil dieses ihn ohne Unterlass anfasste. Der Hund zog die Lefzen hoch, weil das Kind ihm ständig etwas wegnehmen wollte, was er gerade hatte. Er knurrte leicht, weil man an seinem Fell zog. Die Liste ist beliebig erweiterbar.

Der Vorwurf ist hier weder dem Kind zu machen, das es nicht besser weiß und in seinem Alter alles entdecken will, noch dem Hund, der seine Ruhe braucht, wenn er sich zurückziehen möchte, und der niemals als lebendiges Spielzeug betrachtet werden darf. Wenn es dem Hund nämlich irgendwann reicht und er das Kind ganz nach Hundemanier maßregeln will, damit es lernt, dass es sich anders verhalten muss, packen seine Zähne nicht in dichtes Fell mit dicker Haut darunter, sondern in dünne Kinderhaut, die sofort reißt und schlimme Schmerzen verursacht. Ob das Kind zum wiederholten Mal in die Augen des Hundes gekniffen hat, weil ihm das nie jemand verboten hat, oder ob es das Schweineohr, das der Hund gerade auf seiner Decke verspeisen wollte, aus seinem Maul herausziehen wollte – die Ursache

interessiert hinterher niemanden, nur noch das Unglück, das für alle unfassbar und aus heiterem Himmel kam. Denn: „Der hat das vorher nie gemacht, der war immer lieb."

Eltern sind in der Pflicht, dafür zu sorgen, dass sowohl Hund als auch Kind Regeln beachten – dann gibt es nichts Schöneres für ein Kind, als mit einem Hund aufzuwachsen. Ansonsten kann es schnell zu vermeidbaren Zwischenfällen kommen, die in der Regel zwar relativ glimpflich ausgehen, aber zumindest einen bitteren Nachgeschmack hinterlassen.

Diese Beispiele sind die Klassiker im Bereich „Meiner macht das nie". Entrüstete Zweibeiner, die noch nie gesehen haben wollen, dass ihr Vierbeiner Ambitionen zum Anspringen, Knurren, Beißen oder Jagen hat. Die Vorzeichen sind in der Regel immer da, doch als Mensch ist man erstaunlich gut in der Lage, Verhaltensweisen zu ignorieren, die man suspekt findet oder nicht sehen möchte. Wenn dann doch etwas passiert, das sich durchaus angekündigt hat, dann wird die verzweifelt rufende Stimme, die man ganz tief in seinem Inneren hört, durch das gestammelte „... hat er wirklich vorher noch nie gemacht" übertönt. Interessant ist dabei vor allem, dass fast alle Hunde, die das noch nie vorher gemacht haben, es

Der tut nichts!

meistens schon zum zweiten oder dritten Mal tun, weil der Zweibeiner nach dem ersten Mal davon ausging, dass es ein Versehen war und ab jetzt nie wieder passieren wird. Also wurde an dem Verhalten nicht gearbeitet, sondern es wurde ignoriert – in der Hoffnung, dass es sich um eine einmalige Aktion handelte.

Im Hundehirn setzt sich aber zum Beispiel fest: Klasse, Jagen ist super, das kann ich ruhig öfter machen. Und schon hat man einen Hund, der nur darauf wartet, dass im nächsten Waldgebiet auch Spuren von Rehen zu finden sind, oder der vielleicht sogar aktiv auf die Suche geht, statt auf den direkten Rciz zu warten, den er beim ersten Mal noch brauchte um abzuhauen. Und mit jedem Mal, das er dieses Verhalten zeigt, setzt es sich fester und wird schwerer wieder in den Griff zu bekommen sein. Von entspanntem Zusammenleben mit Hund, wie man es aus den guten alten Filmen mit Lassie kennt, ist dann nichts mehr übrig außer vielen Falten, grauen Haaren und einem gestressten Magen, sobald es nach draußen vor die Tür geht.

Ein friedliches Bild. Trotzdem sollte man Kind und Hund nie unbeaufsichtigt lassen.

Die Beiden verstehen sich auch ohne Worte.

Alles wird gut

... lautet einer meiner Lieblingssprüche.
Wenn man Hunde hat, dann sollte man
sich diesen oder einen ähnlichen Mut
machenden Spruch immer und immer
wieder vorbeten. Zum Beispiel dann,
wenn man wieder einmal allein mit der
Leine in der Hand im Regen oder in der
Kälte stehend darauf wartet, dass der
Vierbeiner endlich wieder von seinem
Ausflug durch den Wald zurückkommt.

Da schaut man mal eine Sekunde nicht hin und schon hat der eigene Hund schon wieder etwas angestellt: Dieser Welpe pflückt gerade die Tulpen in Nachbars Garten.

Oder wenn man im Restaurant wieder unfreiwillig die Blicke der anderen Gäste auf sich zieht, weil der Canis familiaris sein Wunderwerk Stimme eingesetzt hat, um den ebenfalls im Restaurant befindlichen vermeintlichen Kontrahenten zu vertreiben (der keinen Ton rausgelassen hat, diese Memme): Oder dann, wenn man zum wiederholten Male über der Entschuldigungs-Pralinenkiste sitzt und sich an einem netten Text übt, um sich erneut bei der Nachbarin für ein umgepflügtes Blumenbeet zu entschuldigen.

Irgendwann hat man seinen Mut machenden Spruch dann vielleicht so verinnerlicht, dass man in einer geradezu heroischen Zen-Einstellung, ganz ohne sich in Ausreden zu verfangen, mit einem kläffenden und tobenden Hund an den entsetzt blickenden normalen Menschen vorbeigehen kann, ohne sich nach dem berühmten Loch in der Erde zu sehnen. Ja, irgendwann wird er kommen, dieser Tag, und bis dahin übt man, gelassener zu werden und die selbst verbockten Fehler in der Erziehung des Hundes hinzunehmen oder nach und nach wieder auszubügeln.

Dieses letzte Kapitel soll eine Art Selbsthilfeleitfaden werden. Zum einen in Bezug auf typische Fehler und wie man sie wieder ausbügeln kann. Und

zum anderen im Hinblick darauf zu erkennen, was wirklich wichtig ist, wenn man zu der großen Gruppe der Hundehalter gehört, die sich aus Sicht des Hundes hin und wieder äußerst merkwürdig verhalten.

Belohnung, Belohnung, Belohnung

Nein, nicht Bestechung, sondern Belohnung. Auch Hunde wollen hin und wieder mal eine Motivationshilfe, um bei Laune zu bleiben. Als Mensch geht man schließlich nicht arbeiten, ohne am Ende des Monats seinen Lohn zu erhalten, und Kindererziehung funktioniert ebenfalls nicht ohne manches Zugeständnis von Mama oder Papa. Bei unseren Vierbeinern ist es dasselbe. Ein Hund, der nie eine Belohnung erhält, wird auf Dauer nicht motiviert sein, Neues zu lernen oder etwas für seinen Menschen zu tun. Sinnvolles Belohnen bedeutet allerdings nicht, seinen Hund immer und überall mit Leckerchen vollzustopfen. Nur dann, wenn er etwas gut gemacht hat, bekommt er vielleicht etwas.

So werden Sie nicht zum Futterautomaten

Wichtig ist, für den Hund undurchschaubar zu sein und sich nicht selbst zum Futterautomaten zu degradieren. Wie das geht? Vom Prinzip her ist es ganz einfach. Will man dem Hund etwas Neues beibringen, so belohnt man ihn schon bei jeder Annäherung an das gewünschte Verhalten. Diese vermehrte Gabe von Leckerchen reduziert man, indem man recht schnell nur noch dann etwas rausrückt, wenn der Hund das beabsichtigte Endverhalten zeigt. Wenn das gut sitzt, dann bekommt er, bei vom Menschen gewünschter Ausführung dieses

Verhaltens, nur noch hin und wieder eine Belohnung. So weiß er nie, ob nicht jetzt wieder der Zeitpunkt sein könnte, an dem es etwas Gutes gibt, und ist immer mit Eifer bei der Sache. Es ist dasselbe Prinzip, das Menschen zu Spielsüchtigen macht: Man gewinnt nicht immer, denn das würde die Sache langweilig machen, aber hin und wieder gehört man zu den Siegern, und das hält einen bei der Stange. Auch den Hund wollen wir bei Laune halten, indem wir bei ihm die Spannung aufrechterhalten, ob er vielleicht heute den Leckerchen-Jackpot knackt.

Man kann Belohnungen in Form von Futter oder Spielzeug, je nachdem was der einzelne Hund am besten findet,

Spielzeug ist ebenfalls ein gutes Motivationsmittel.

auch als gekonnte Ablenkung einsetzen. Dies kann zum Beispiel dann geschehen, wenn man anderen Vierbeinern begegnet, die der Hund nicht mag. Dazu hält man ihm zur Ablenkung etwas Gutes vor die Nase und zieht damit seinen Blick vom Auslöser weg. Lässt er dann den anderen Hund vorbeilaufen und hält dabei seine Klappe, belohnen wir ihn anschließend mit dem Leckerchen. Wichtig ist, dass man den Hund ablenkt, bevor er sich am Anblick des vermeintlichen Widersachers festgucken konnte, denn sonst hat man zunächst kaum eine Chance, ihn wieder ins Hier und Jetzt zu befördern. Hilfreich ist es anfangs auch, sich etwas abseits zu stellen, damit zwischen eigenem und fremdem Hund ein möglichst großer Abstand ist. Mithilfe von Konzentration und Leckerchen bekommt man es in der Regel schon nach relativ kurzer Zeit hin, dass der eigene Hund in Erwartung einer Belohnung (die er bei diesem „Problem" möglichst lange und regelmäßig erhalten sollte) beim Anblick eines fremden Hundes nicht als Berserker, sondern beinah als friedfertiges Lämmchen erscheint.

Als Hundehalter hat man also die Wahl: Berserker an der Leine und nach einem Spaziergang Ohrensausen vom Gekläffe und ausgerenkte Wirbel vom in die Leine springenden Hund. Oder:

Ständig Leckerchen zur Hand haben und dafür einen einigermaßen ruhigen und friedlichen Vierbeiner an der Leine.

Man muss sich niemals ins Unvermeidliche fügen, sondern kann frei entscheiden, ob man einen Fehler annehmen und beibehalten möchte oder ob man aktiv an Problemen arbeitet. Ist das nicht schön?!

Warum muss ausgerechnet mir das passieren?

Ein Hund, der nicht in jeder Situation hundertprozentig gehorcht oder nicht beim ersten Rufen sofort freudestrahlend auf seinen Menschen zugerannt kommt, ist keine Ausnahme. Immer wieder gibt es Situationen, in denen der Vierbeiner ein Kommando nicht so zuverlässig ausführt wie Tausende Male zuvor. Tage, in denen etwas eben zum ersten Mal passiert und der Hundehalter mit hängenden Schultern nach Hause geht und sich fragt, was er nur all die Monate oder Jahre eigentlich trainiert hat und warum er überhaupt diesen Hund hat und dass er doch alles hätte anders machen sollen, damit sein

Kein Hund ist wie der andere. Und auch bei Hunden spricht noch lange nicht jeder mit jedem. (Foto: Weires)

„Warum mein Hund? Warum passiert das ausgerechnet mir?"

Vierbeiner auch so gut gehorcht oder sich so anständig benimmt wie der Hund vom Gassigeh-Kollegen. Manche Zweibeiner sind sogar dann und wann so weit, dass sie in eine Art depressiven Zustand versinken, wenn sie mit ihrem Hund spazieren gehen, weil sie sich dabei ununterbrochen fragen: „Warum gehorcht er nicht? Warum zieht er immer an der Leine? Womit hab ich das verdient?" Und bei nahezu jedem Menschen, der einen Hund hat, kommt irgendwann die Frage:

Vielleicht schießt dem hundevernarrten Zweibeiner diese Frage in den Kopf, wenn zum wiederholten Male eine überhöhte Reinigungsrechnung ins Haus flattert, weil der kleine Liebling schon wieder jemanden mit Matschpfoten begrüßen musste. Vielleicht kommt diese Frage auch erst, wenn mal wieder auffällt, dass alle Nachbarn, die mit Hund entgegenkommen, plötzlich die Richtung wechseln, weil schon wieder „der" mit dem kläffenden und tobenden Leinenberserker kommt. Vielleicht stellt man sich diese Frage sogar während der Zeit im Wartezimmer des Orthopäden, in dem man schon wieder sitzen muss, weil Bello einem beim ziehen an der Leine den Arm ausgerenkt hat.

Geben Sie nicht auf!

Die Erziehung eines Hundes währt sein ganzes Leben lang, und bei manchen fruchtet sie, was bestimmte Dinge angeht, nie. Manches, das in der Erziehung nicht klappt, auch wenn man es wieder und wieder ausprobiert, muss man irgendwann als eine Art Charaktereigenschaft hinnehmen.

Wenn man etwas auf überhaupt gar keinen Fall in den Griff bekommt, egal wie viel man schon daran herumgedoktert hat, sollte man es zum guten Schluss als individuellen Faktor in der Persönlichkeit des Vierbeiners annehmen (allerdings nur so lange, wie es weder für Menschen oder Tiere und den Hund selbst gefährlich wird!). Dann legt er sich eben immer auf den Lieblingssessel der Schwiegermutter. Und? Vielleicht hat auch sie Eigenarten, die ihre Umwelt akzeptieren muss. Für den Vierbeiner sollte man aber trotzdem eine Decke mitnehmen, die den Sessel schützt.

So geht's

Gehen Sie nicht jedes Mal in die Verteidigung, wenn Sie auf kleine Erziehungsdefizite angesprochen werden. Genau das führt nämlich dazu, dass man im Laufe der Zeit nur noch diese Fehler, die man irgendwann mal bei der Erziehung gemacht hat, sieht und nicht mehr all die anderen tollen Eigenschaften, wegen derer man den eigenen Hund abgöttisch liebt.

Andere Hunde haben auch ihre Fehler – kein Hund ist perfekt. Es sind Tiere, und als solche sollen sie sich auch, wenigstens so weit möglich, verhalten dürfen. Da ist es nur normal, dass nicht alles einwandfrei und immer funktioniert. Das bekommen wir Menschen ja noch nicht einmal bei Maschinen hin.

Blöde Sprüche ignorieren

Versuchen Sie, negative Anmerkungen von anderen Hundehaltern zu ignorieren, und führen Sie sich immer wieder vor Augen, warum Ihr eigener Hund für Sie persönlich der weltbeste Vierbeiner ist.

Ja, es gibt Hunde, bei denen immer alles toll zu funktionieren scheint, wenn man sie sieht. Die nicht an der Leine ziehen, die keinen Aufstand proben, wenn andere Hunde des Weges kommen, die im Café brav neben Herrchen liegen bleiben und dösen. Doch auch viele dieser Vierbeiner haben ein dunkles Geheimnis, das ihrem Herrchen graue Haare beschert und sich nie dann zeigt, wenn der durchschnittliche Hundehalter dabei ist, und manche dieser Hunde sind schlichtweg eines:

Langweilig

Stellen Sie sich das einmal vor: Man steht morgens auf, wird von seinem Hund artig, aber nicht zu überschwänglich begrüßt, später nimmt man dann die Leine und geht mit einem kaum spürbaren Hund nach draußen. Den ganzen Spaziergang über merkt man gar nicht, dass man einen Hund dabei hat, weil er nicht zu weit wegläuft, andere Hunde kurz begrüßt (uns aber dann wieder wie ein Schatten folgt). Auch zu Hause ist er nicht sichtbar, weil er artig in seinem Hundekörbchen liegt und darauf wartet, dass wir ihm sagen, was er als Nächstes tun darf. Eine Horrorvorstellung! Das Aufregende im Leben eines Hundebesitzers ist doch unter anderem, dass man nie weiß, was als Nächstes passiert.

Man muss als Mensch-Hund-Team erst zusammenwachsen und gemeinsam Höhen und Tiefen durchleben. Nach einiger Zeit weiß man dann ganz genau, wie der Hund in unterschiedlichen Situationen reagiert. Das ist Individuum, das ist Leben.

Also: Einen Hund mit kleinen Erziehungsdefiziten (oder eben charakterlichen Besonderheiten) sein Eigen zu nennen ist doch das Größte auf der Welt und nichts, dessen man sich schämen sollte – egal was andere Hundehalter oder hundelose Menschen sagen.

Von daher: Ein wenig Ignoranz den Kritikern gegenüber macht das Leben viel, viel einfacher und vor allem deutlich entspannter und schöner.

Sollte sich also wieder jemand in Schimpftiraden üben, weil der geliebte Vierbeiner erhobenen Hauptes mit matschigen Füßen, aber überaus glücklich durch ein Einkaufszentrum

Der eigene Hund darf immer der Größte, Liebste und Schönste sein! Wenn wir wissen wofür wir ihn lieben, können wir leicht über kleine Defizite hinwegsehen. (Foto: Slawik)

Man kann ja nicht alles: Schön sein und auch noch gut hören, oder?

stapft, seinen Zweibeiner von einem Schaufenster zum nächsten zieht und dabei fröhlich kläffend die Welt über seine Anwesenheit in Kenntnis setzt, dann tun Sie es Ihrem Hund nach. Richten Sie den Rücken zum geraden Gang auf; lächeln Sie allen, die Sie und Ihren „Köter" anstarren, ins Gesicht und zeigen Sie der Welt, dass Sie zur glücklichsten und entspanntesten Gruppe Menschen unserer Gesellschaft gehören: nämlich zu der Gruppe mit den besten Cholesterin- und Blutdruckwerten – den Hundehaltern.

Die nachgewiesenermaßen positiven Aspekte, die vielen Gänge durch die Natur und das entspannende und blutdrucksenkende Kraulen des Hundefells darf man sich nicht dadurch kaputt machen lassen, dass man sich alle schrägen Blicke oder ungehaltenen Vorwürfe zu sehr zu Herzen nimmt – dann wären ja alle diese guten Seiten gleich wieder aufgehoben, und uns bliebe nur noch die Liebe zu unserem Hund, der uns Zweibeiner immer und ohne zu hinterfragen oder uns ändern zu wollen so liebt, wie wir sind. Wir sollten ihm genau dieselbe Liebe entgegenbringen, denn immerhin sind es wir Zweibeiner, die das Tier in unsere Gesellschaft und deren Regeln hineinpressen wollen. Wir wollen ihn ändern, damit er unseren Vorstellungen ent-

spricht – und dafür können wir auch mal hinnehmen, dass es nicht immer perfekt ist, was uns der einzigartige Charakter unseres Hundes bietet.

Ich bin ein Star in seiner Welt

Bewunderung, hingebungsvolle Beobachtung, unerschütterliche Treue und uneigennützige Liebe: Diese Gefühle bringen wahre Fans ihren Stars entgegen. Beinahe jeder, der diese Euphorie, diesen Enthusiasmus in den Medien beobachtet, wünscht sich irgendwo ganz tief in seinem Innern, einmal so geliebt und beachtet zu werden. Und was fast jeder vergisst oder nicht deutlich wahrnimmt, ist: Als Hundehalter hat man einen richtigen Fan, ein Lebewesen, das einen bedingungslos liebt, einem überallhin folgt und das ohne zu hinterfragen für seinen Menschen durchs Feuer gehen würde. Der Hund wird nicht ohne Grund als der beste Freund des Menschen bezeichnet.

Ein Hund sieht seinen Menschen aus einem ganz speziellen Blickwinkel. Wenn ich den Tagesablauf eines Hundes und wie er diesen wahrnimmt einmal zu beschreiben versuche, dann könnte es so aussehen:

Mein Mensch wacht auf und geht mit mir nach draußen. Das ist so wunderbar, denn von allein kann ich mich nicht hinausstehlen – er sorgt dafür, dass ich in den Genuss von Bewegung komme, die Duftmarken meiner Rivalen lesen und überschreiben kann. Er führt mich und gibt vor, wo der beste Weg ist. Ich bin nicht allein, er ist für mich da.

Jetzt sind wir wieder an unserem Lagerplatz und er gibt mir etwas zu fressen. Er muss ein Held sein, denn ohne erkennbare Mühen gibt es jeden Tag aufs Neue Futter für mich. Nur ein absolut großartiger Jäger kann so viel Nahrung beschaffen, dass für alle etwas abfällt. Dafür bewundere ich ihn. Nun geht er und lässt mich allein. Es fällt mir schwer, auf seine Rückkehr zu warten, aber bisher hat er mich nie enttäuscht und ist immer wieder zurückgekehrt. Ob das heute wohl auch so sein wird? Oh, ich hoffe es sehr, denn ohne ihn kann ich nicht sein. Ja, ich höre, wie er in den Hof kommt. Gleich wird er die Tür öffnen und eintreten. Ich kann es gar nicht erwarten, ihn zu begrüßen. Es ist so schön, ihn wiederzusehen und gemeinsam etwas zu unternehmen. Ob wir wohl noch einen Jagdausflug unternehmen werden? Egal, Hauptsache, er ist wieder da. Ich wusste, dass er mich nicht im Stich lässt. Tatsächlich, wir gehen noch gemeinsam auf Entdeckungstour, und immer lässt er sich was Neues einfallen auf diesen Reisen. Gibt es etwas Besseres als meinen Menschen?

Nein, unmöglich.

Jeder Hund ist einzigartig –
lieben wir ihn so wie er ist!
(Foto: Röder)

Unsere Hunde sind abhängig von uns. Und sie wissen das. Sie begegnen uns mit Liebe und absolutem Vertrauen, und wir sollten ihnen dasselbe entgegenbringen. Wie jeder „Star" haben wir unsere Fehler, unsere Seiten, die nicht perfekt sind, aber unserem „Fan" – unserem Hund – ist das egal.

Er sieht nicht, dass wir oft egoistisch handeln, wenn wir lieber gemütlich im Warmen hocken bleiben wollen, statt eine Runde mit unserem Hund zu toben. Er entschuldigt sich nicht bei anderen Hunden dafür, dass wir ihn wieder mal in peinliche Situationen gebracht haben, weil unsere verbale Ausdrucksweise im krassen Gegensatz zu unserer Körpersprache stand. Er nimmt uns so, wie wir sind, und wir quittieren das, indem wir seine Persönlichkeit, seinen Charakter vor anderen Menschen verleumden? Warum nicht einfach unseren Hund zum Vorbild nehmen und ihn so respektieren wie er ist?

Betrachtet man die Verhaltensweisen, die einen am eigenen Hund stören, wird man ehrlicherweise feststellen müssen, dass man selbst daran nicht ganz unschuldig ist.

Das Anspringen, das man nicht konsequent genug abtrainiert hat; das

Alles wird gut

Charakterkopf: Achten wir die Persönlichkeit unseres Hundes, können wir sogar viel von ihm lernen.

Weglaufen, weil man falsche Zeichen gesetzt oder den Rückruf nicht gut genug geübt hat; das Ankläffen anderer Hunde, weil man statt zu üben lieber den einfachen Weg des Umgehens oder Rückzugs gewählt hat. In vielen Fällen ist es die menschliche Bequemlichkeit, die dem Hund keine andere Wahl gelassen hat, als bestimmte Verhaltensweisen aufzubauen. Stehen wir doch dazu. Spielen wir doch hin und wieder die Rolle des Stars, der ein wenig abgehoben vom Hier und Jetzt in seiner eigenen Welt, seiner eigenen Realität weilt und es gut versteht, so manche Kritik gar nicht erst ins Bewusstsein vordringen zu lassen. So lebt es sich mit Hund in unserer Gesellschaft viel, viel besser. So häufig man allerdings versuchen sollte, missmutige Menschen und ihre ständigen Meckereien über uns und unsere Vierbeiner zu ignorieren, sosehr sollte man aber gerade als Hundehalter für ein gutes Zusammenleben in unserer Gesellschaft sorgen.

Hunde sind in den vergangenen Jahren immer mehr durch Negativschlagzeilen beleuchtet worden, und viele Menschen fühlen sich in ihrer Angst oder ihrer Abneigung unseren geliebten Vierbeinern gegenüber bestätigt.

Keine Sorge, alles wird gut!

Knigge-Tipps
für Hundehalter

Leider gibt es Hundehalter, die nicht gerade positive Werbung für die große Gruppe der Hundemenschen machen und dadurch unser aller Leben unnötig erschweren. Wer nur ein paar Regeln im Zusammenleben mit den hundelosen Menschen beherzigt, der kann dafür sorgen, dass unsere Welt ein klein wenig besser, weil hundeverständiger wird. Im Folgenden habe ich die wichtigsten Knigge-Tipps für Hundehalter zusammengestellt, mit deren Einhaltung Ärger und Missverständnisse vermieden werden können.

Knigge-Tipp 1:
Hundekot beseitigen

Schon für den Hundeliebhaber ist das Hineintreten in die Hinterlassenschaften der Vierbeiner etwas, das unter Umständen einen Würgereflex auslöst. Wie schlimm muss das erst für normale Mitbürger sein, deren Liebe zu den Tieren sich vielleicht ohnehin schon sehr in Grenzen hält! Insbesondere wenn es sich mal nicht vermeiden lässt, dass der eigene Hund sein großes Geschäft an oder gar auf Wegen erledigt, sollte es eine Selbstverständlichkeit sein, sich auch entsprechend darum zu kümmern. Sicherlich, es gibt Schöneres als das – aber seiner eigenen Verantwortung sollte man hier stets gerecht werden.

Knigge-Tipp 2:
Den Hund immer anleinen, wenn Spaziergänger, Jogger oder Radfahrer des Weges kommen

So gern wir es auch manchmal hätten: Der Park, der Wald oder die Wege entlang der Felder gehören nicht uns Hundebesitzern. Wir teilen sie mit allen anderen Menschen, die nicht von unseren Vierbeinern belästigt werden wollen. Und selbst dann, wenn wir es irgendwie geschafft haben, unserem Hund beizubringen, andere Menschen nicht zu begrüßen, sollten wir ihn anleinen. Viele Leute haben aus den unterschiedlichsten Gründen Angst vor Hunden und fühlen sich nicht besonders wohl, wenn ein großer Hund geradewegs auf sie zukommt. Diese Situation ist sicherlich nicht die beste, um hundehalterische Ignoranz walten zu lassen. Anleinen, vorbeigehen, freundlich grüßen – so sollte es ablaufen.

Jedes noch so kleine Häufchen
bitte immer entfernen!
(Foto: Widmann)

Der große Landseer ist noch trocken, die Chance, dass er begeistert ins Wasser springt und sich anschließend ausgiebig schüttelt, ist aber groß. Jemand, der dann in der Nähe steht, würde pitschnass. (Foto: Kuhn)

Knigge-Tipp 3:

Nicht den nassen Hund neben fremden Menschen ausschütteln lassen

Dem Vierbeiner in der heißen Jahreszeit die Möglichkeit zu geben, sich im kühlen Nass nach Lust und Laune auszutoben, ist eine sehr löbliche Sache. In der Regel befinden sich aber bei entsprechender Witterung auch noch andere Menschen in der Nähe, die in Ruhe Wetter und Freizeit genießen wollen. Wenn sich dann ein patschnasser Hund gleich in ihrer Nähe ausschüttelt und dabei ein Gemisch von Dreck, Haaren und Wasser in alle Himmelsrichtungen versprüht, dann ist es verständlicherweise nicht mehr allzu weit zu einem handfesten Streit. Nicht jeder Mensch auf dieser Erde ist angetan davon, seine weiße Leinenhose mit Schmutzsprenklern verzieren zu lassen, und nicht alle Menschen, die sich in der Nähe von Wasser aufhalten, laufen in ihrer dreck- und wasserfester Mode à la Gassi-Chic umher. Daher: Rücksicht nehmen auf die sauber gekleideten Personen, die es in der Regel auch bleiben wollen, und den Hund gleich, nachdem er dem Wasser entstiegen ist, zu sich rufen, damit er nur seine eigenen Leute mit einer frischen Dusche erquickt.

Knigge-Tipp 4:

Niemals fremde Hunde füttern, ohne deren Besitzer um Erlaubnis gefragt zu haben

Dies ist ein nie enden wollendes Thema auf Hundeplätzen und Hundeseminaren. Alle anderen Hunde sind ja so hübsch und schauen so niedlich aus, da muss man diesen doch auch ein Leckerchen zustecken, wenn der eigene Hund was bekommt, weil sie doch sonst traurig sind. Widerstehen Sie dem Impuls und drücken Sie das Leckerchen lieber noch für den eigenen Hund ab. Mal abgesehen davon, dass es schon zu Streitereien kommen kann, wenn Sie nur den eigenen Hund füttern, während fünf andere geifernd danebensitzen, so kann es sein, dass Sie (zu Recht, wie ich meine) eine harte verbale Backpfeife von einem anderen Hundehalter bekommen, wenn er sieht, dass Sie seinen Hund füttern. Nicht wenige Menschen verbringen viel Zeit im Leben ihres Vierbeiners damit, ihm glaubhaft zu beteuern, dass es sich niemals lohnt, fremde Menschen anzubetteln, egal wie nett diese auch aussehen mögen. Hunde, die viel Zeit auf diversen Hundeplätzen verbringen, machen allerdings oft die Erfahrung, dass man nur

So lieber gar nicht, auch nicht beim eigenen Hund. Es besteht sonst die Gefahr, dass er auch bei anderen Biergartenbesuchern „anfragt", ob noch etwas für ihn übrig geblieben ist.

Knigge-Tipp 5:

Nie ungefragt den unangeleinten Vierbeiner zu einem angeleinten Hund laufen lassen

Begegnet man einem angeleinten Hund, während der eigene frei läuft, ruft man seinen Hund zu sich. Dies kann natürlich nur dann funktionieren, wenn der Hund gelernt hat, sofort auf Zuruf zu reagieren. Dann leint man ihn an und geht entweder zügig an dem anderen Hund vorbei oder spricht auf Entfernung mit dem fremden Hundebesitzer ab, ob man die Hunde beide frei laufen lassen möchte. Bitte erwarten Sie nicht, dass Sie mit freundlichen Worten überschüttet werden, wenn Ihr Vierbeiner ungefragt zu einem angeleinten Hund läuft. Dies kann bei dem anderen Hundebesitzer neben Ärger und Unsicherheit auch das Gefühl hervorrufen, Ihnen sei egal was passiert. Der andere wird vermutlich seine Gründe haben, den Hund angeleint zu lassen.

Vielleicht ist der andere Hund verletzt und darf aus diesem Grund nicht laufen, und nun sorgt Ihr Vierbeiner dafür, dass eine Narbe wieder aufreißt. Oder Sie verbringen Tage damit, Ihren Hund aufmerksam zu beobachten, weil er

interessiert genug gucken muss, um ebenfalls in den Genuss von verbotenen „Süßigkeiten" zu kommen. Es kann sogar passieren, dass der Hund beim nächsten Stadtbummel jeden anbettelt oder vielleicht sogar anbellt, der etwas Essbares in der Hand hält. Und wieder mal bleibt nur ein gestammeltes „Das macht der sonst wirklich nie", bevor die Flucht angetreten wird.

Entweder laufen beide Hunde frei, oder sie sind beide angeleint. Wenn nur ein Hund angeleint ist, entsteht immer eine ungünstige Situation. (Foto: Kuhn)

sich vielleicht bei dem anderen mit irgendetwas angesteckt haben könnte. Vielleicht ist der angeleinte Hund eine läufige Hündin, deren Geruch Ihren Rüden auch dann noch in Wallung bringt, wenn Sie ihn längst wieder von Ihrem Rücken runtergepflückt haben und ihn schon Hunderte von Metern in die entgegensetzte Richtung mitge-schleift haben. Vielleicht ist der andere Hund aber auch aus den unterschied-lichsten Gründen unverträglich mit anderen Vierbeinern, und auch Ihre hilflos gestammelten Worte: „Die machen das doch normalerweise immer ohne größere Blessuren unter sich aus", während Sie noch Ihre Adresse und Telefonnummer zwecks Zusendung der anstehenden Tierarzt-rechnung suchen, machen die Schuld-gefühle nicht kleiner.

Es kann tausend und einen Grund dafür geben, dass ein Hund nicht ohne Leine laufen darf: Respektieren Sie das, denn auch Sie könnten schon kurze Zeit später Ihren Hund an der Leine führen müssen und mit Entset-zen feststellen, wie unangenehm es sein kann, wenn wildfremde Vierbeiner auf Sie zugeschossen kommen.

Ein kleines Abschluss- Statement

Lachen und Weinen liegen nahe beieinander – im normalen Leben wie auch in der Hundeerziehung.

Sobald man einen Vierbeiner in seine Familie geholt hat, gehört er mit all seinen Eigenarten dazu – ob man will oder nicht. Man muss sich plötzlich mit Fragen auseinandersetzen, an die man vorher nie auch nur einen kurzen Gedanken verschwendet hat. Wie erziehe ich ihn richtig? Wie beschäftige ich ihn? Wo bekomme ich gutes Futter her? Wird das Hotel uns auch aufnehmen, wenn wir einen Hund dabeihaben? Wie erkläre ich meinem Chef am besten, dass ich wieder einmal zu spät komme, weil der Tierarzt uns wiedersehen möchte?

Fragen über Fragen, viele davon schnell zu beantworten, andere hingegen nehmen einen großen Platz in unserem Denken, in unserem Alltag ein. Warum hat er nach dem anderen Hund geschnappt? Aus welchem Grund ist er einfach über die Straße gelaufen und beinahe überfahren worden? Wie kann ich ihm nur beibringen, dass der Postbote kein Einbrecher ist? Warum hat sich die Nachbarschaft gegen uns verschworen? Es ist nicht immer leicht, mit einem Hund zu leben. Man wird schräg angeschaut, wenn der Hund bellt, wenn er schmutzig ist, wenn er sein Geschäft erledigt oder wenn wir nur ausgelassen mit ihm toben. So manches Mal treibt uns der Vierbeiner an den Rand des Wahnsinns, weil wir ihm so viele Unarten anerzogen haben, dass wir glauben, wir müssten uns vor aller Welt rechtfertigen.

Doch bei allem, was uns in puncto Hund ärgert, steht doch nach ehrlichem

Hineinhorchen in unser tiefstes Selbst eines fest: Wir würden ihn niemals im Stich lassen. Wir könnten nicht ohne seine Liebe sein, die er uns täglich entgegenbringt. Wir würden die Tränen vermissen, die wir so manches Mal gelacht haben, weil er sich allzu ulkig angestellt hat beim Spielen.

Wir Hundemenschen haben das ganz große Los gezogen: Wir haben ein Lebewesen an unserer Seite, das uns mit all unseren Fehlern liebt. Das all unsere Schwächen akzeptiert und uns immer so nimmt, wie wir sind. Unser Hund hat sich damit abgefunden, dass er in einer Welt lebt, in der man sich nicht allzu große Mühe macht, seine Sprache zu erlernen. Einer Welt, in der von ihm verlangt wird, innerhalb kürzester Zeit eine völlig fremde verbale und uneindeutige Körpersprache zu erlernen, und

er tut stets sein Bestes, um das, was von ihm verlangt wird, richtig zu interpretieren. Helfen wir ihm doch, indem wir versuchen, es ihm leicht zu machen – mit klaren Worten, mit dem Versuch, sich wenigstens ab und an in ihn hineinzudenken. Dann wird sicherlich nicht von einem Tag auf den anderen alles gut, und es wird bestimmt nicht überall langweilige, perfekte Hunde geben, aber wir nehmen vielleicht nicht mehr alles ganz so schwer. Das Schönste an unserem Vierbeiner ist sein individueller Charakter – das macht ihn so wunderbar einzigartig. Leben wir doch einfach mit den kleinen Fehlern, die er hat und die wir ihm in so vielen Fällen anerzogen haben. Das wunderbare Leben mit unserem Hund ist viel zu kurz, um sich über kleine Defizite so sehr zu grämen, dass es unsere Beziehung zu ihm trübt.

109

(Foto: JBTierfoto)

Und immer
daran denken:
Humor ist, wenn
man trotzdem
lacht.

Danke

Natürlich gibt es eine Reihe von Menschen, denen jeder, der ein Buch verfasst an irgendeiner Stelle danken möchte. Um es nicht zu sehr ausschweifen zu lassen, werde ich mich hier auf den engsten Kreis derjenigen beschränken, denen ich von ganzem Herzen einmal ein riesengroßes MERCI aussprechen will.

An erster Stelle stehen natürlich meine drei Hunde (die allerdings sicherlich zufriedener mit einem Kalbsknochen als mit einer schriftlichen Gunstbezeugung wären). Sie waren und sind meine größten Lehrmeister und ohne die vollkommen unterschiedlichen Charaktere von Laska, Pearl und Cloud und die immer und immer wieder neuen Herausforderungen, vor die sie mich stellen, wäre ich, was mein Verständnis von Hundeerziehung und dem Zusammenleben mit Vierbeinern betrifft, niemals soweit gekommen, wie ich es bin – und es ist noch längst kein Ende in Sicht. Ich hoffe, meine Lieblinge auf diese Weise irgendwie unsterblich zu machen – sie haben es sich redlich verdient. Mädels, ich liebe euch so, wie ihr seid. Danke für die Freude, die ihr mir tagtäglich macht und für das tiefe Vertrauen, das ihr mir schenkt. Ich hoffe, ich bin es wert.

Die wichtigste Person in meinem Leben darf natürlich auch nicht ungeschoren davon kommen. Einen Partner zu finden, der diese Tierleidenschaft mitmacht, ist was ganz besonderes. Ohne meinen Schatz Ralph hätte ich dieses Buch niemals zu Ende geschrieben. Vielen Dank für Deine ständige Unterstützung und dafür, dass Du immer an mich glaubst. Ich weiß, dass ich sehr anstrengend sein kann (fast so anstrengend, wie es die Hunde manchmal sind) – wir lieben Dich!

Ein ganz besonderes Dankeschön geht an Dorothee Dahl vom Cadmos Verlag – eine bessere Lektorin kann man sich als Erstverfasser gar nicht wünschen. DANKE für alles.

Und wem ist das Buch gewidmet? Natürlich allen mehr oder minder verzweifelten Hundeeltern, die nun vielleicht ein neues, ein anderes Verständnis für ihren Vierbeiner aufbringen können und vieles mit mehr Humor nehmen.

Ein Herzensanliegen ist für mich, auf zwei ganz besondere Menschen hinzuweisen: Bea Urban, die sich mit unermüdlichem Einsatz für Bordercollies und viele andere Hunde, die nicht mehr gewollt sind einsetzt. Vielen Dank Bea für alles, was Du schon für so viele Tiere erreicht hast und noch erreichen wirst. Ohne Dich hätte ich niemals meine Pearl gefunden und ich danke Dir jeden Tag im Geiste für diesen wunderbaren Hund. Du bist einer der bemerkenswertesten Menschen, die ich bisher kennen lernen durfte. Für alle, die sich für ihre Arbeit interessieren: www.bordercollie-rescue.org

Der nächste Mensch, der für mich ein grandioses Beispiel an Selbstaufopferung und Hundekenntnis gibt, ist Gesa Kuhn von www.countrydog.de. Durch Gesa habe ich wahnsinnig viel über Bordercollies gelernt und eine ganz neue Gelassenheit im Umgang mit meinen Hunden entdeckt. Gesa, Du bist ein wunderbarer Mensch und es ist immer wieder faszinierend, Dich im Umgang mit den Hunden zu beobachten und zu erleben. Du bist wie ein Engel in der Hundewelt.

CADMOS

HUNDEBÜCHER

Ekard Lind
Lind-art® Welpentraining

Dieses Welpenerziehungsbuchbuch zeigt neue Ansätze aus der Lind-art®, Prof. Ekard Lind's „Spiel- und Motivationslehre". Faszinierend erläutert der Autor, wie man Welpen in dieser wichtigen Zeit von Anfang an einfühlsam und verständnisvoll fördert.

96 Seiten · farbig · broschiert
ISBN 978-386127-745-3

Martina Nau
Auf und davon

Außerhalb des beabsichtigten jagdlichen Einsatzes kann eine ausgeprägte Jagdleidenschaft sowohl für den Hund als auch für den Besitzer zu großen Problemen führen. Dieses Buch bietet die Lösung: ein hundefreundliches systematisches Antijagdtraining für alle Hunde, die unerwünschtes Jagdverhalten zeigen.

Christina Sondermann
Das große Spielebuch für Hunde

Gemeinsame Aktivitäten machen Hund und Mensch Spaß. Sie lasten den Hund aus, geben ihm Selbstvertrauen und stärken die Bindung zwischen Hund und Mensch. Die in diesem Buch vorgestellten Beschäftigungsideen sind leicht umsetzbar und ohne großen Zeitaufwand in den ganz normalen Alltag einzubauen.

Beate Lorenz
Handbuch für erfolgreiches Hundetraining

Dieses Buch ist ein Übungshandbuch für die Grundausbildung des Hundes, das sich für Anfänger und Fortgeschrittene gleichermaßen eignet. Tipps zur Problemlösung bei der Hundeausbildung machen dieses Buch zu einem unentbehrlichen Standardwerk.

Dr. Gabriele Lehari
Hunde aus dem Süden

Wenn wir Hunde richtig verstehen, können wir ihnen auch besser vermitteln, was wir von ihnen verlangen - eine grundlegende Voraussetzung für ein harmonisches Miteinander von Mensch und Hund. Wie man die "Sprache" der Hunde richtig interpretiert und was bestimmte Verhaltensweisen bedeuten, ist in diesem Ratgeber anschaulich erklärt.

80 Seiten · farbig · broschiert
ISBN 978-386127-755-2

128 Seiten · farbig · gebunden
ISBN 978-386127-782-8

144 Seiten · farbig · gebunden
ISBN 978-386127-804-7

32 Seiten · farbig · broschiert
ISBN 978-386127-652-4

Cadmos Verlag GmbH · Im Dorfe 11 · 22946 Brunsbek
Tel. 04107 8517-0 · Fax 04107 8517-12
Besuchen Sie uns im Internet: **www.cadmos.de**

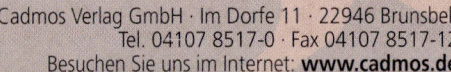